高职高专机械设计与制造专业规划教材

UG NX 8.5 机械设计实例教程

孙　慧　徐丽娜　主　编

张晓光　王利全　邢美峰　李　朔　副主编

清华大学出版社

北　京

内 容 简 介

本书以 UG NX 8.5 软件为平台，结合具体实例项目采用"由浅入深、循序渐进"的理念，详细介绍了 UG NX 8.5 软件操作方法和机械设计应用技巧。全书共分为 12 章，主要内容包括 UG NX 8.5 基础知识、二维草图设计、螺栓螺母零件设计、盘类零件设计、轴类零件设计、轴承类零件设计、箱体类零件设计、曲线曲面设计、齿轮与蜗轮参数化设计、典型零部件设计、虚拟装配及工程图设计等。

本书适合作为高职院校机械设计与制造、机械制造及其自动化、数控技术、模具设计与制造以及中职学校机械类相关专业学生的教学用书，也可以作为 UG NX 软件培训的教材及工程技术人员自学参考书籍。

图书在版编目(CIP)数据

UG NX 8.5 机械设计实例教程/孙慧，徐丽娜主编. —北京：清华大学出版社，2018（2019.8重印）
(高职高专机械设计与制造专业规划教材)
ISBN 978-7-302-50584-6

Ⅰ. ①U… Ⅱ. ①孙… ②徐… Ⅲ. ①机械设计—计算机辅助设计—应用软件—高等职业教育—教材 Ⅳ. ①TH122

中国版本图书馆 CIP 数据核字(2018)第 153378 号

责任编辑：陈冬梅 李玉萍
装帧设计：王红强
责任校对：李玉茹
责任印制：丛怀宇

出版发行：清华大学出版社
    网 址：http://www.tup.com.cn, http://www.wqbook.com
    地 址：北京清华大学学研大厦 A 座   邮 编：100084
    社 总 机：010-62770175   邮 购：010-62786544
    投稿与读者服务：010-62776969, c-service@tup.tsinghua.edu.cn
    质量反馈：010-62772015, zhiliang@tup.tsinghua.edu.cn
    课件下载：http://www.tup.com.cn, 010-62791865
印 装 者：三河市少明印务有限公司
经 销：全国新华书店
开 本：185mm×260mm   印 张：20.75   字 数：504 千字
版 次：2018 年 8 月第 1 版 印 次：2019 年 8 月第 2 次印刷
定 价：58.00 元

产品编号：075759-01

前　　言

UG NX 8.5 软件是 Siemens PLM Software 公司开发的一款集 CAD/CAM/CAE 于一体的三维参数化软件，它具有强大的实体建模、曲面建模、数控加工、虚拟装配、工程图、运动仿真分析及有限元分析等功能，广泛应用于机械、航空、航天、汽车、模具、船舶、家用电器及医用设备等领域。

本书是基于目前装备制造企业对 UG NX 软件应用人才的需求，以及高职院校的 UG NX 软件教学需求而编写的教材。全书共分为 12 章，由 32 个教学项目实例及 40 多套技能实战训练题组成。按照初学者的学习习惯，采用由浅入深、循序渐进的方法，在项目实例的引领下完成任务所需的理论知识和操作技能。通过本书全部项目的学习，读者可以熟练掌握使用 UG NX 8.5 软件进行机械零部件设计的基本技能。

本教材内容包括 UG NX 8.5 基础知识、二维草图设计、螺栓螺母零件设计、盘类零件设计、轴类零件设计、轴承类零件设计、箱体类零件设计、曲线曲面设计、齿轮与蜗轮参数化设计、典型零部件设计、虚拟装配及工程图设计等内容。

本教材的特色如下。

(1) 在项目选取组织上，突出"面向基础、突出重点、实例丰富，贴近实际、启发思维、学以致用"的原则，按照以"项目实例+知识点引入"的形式安排全书内容。

(2) 采用"项目教学法、以实例学命令"的教学方式，将知识点、技能点有机地融合到每个教学项目实例中，以达到"教中学、学中思、思中练、练中学"一体化的教学目标。

(3) 书中技能实战训练题提供了完整的二维草图和三维实体图，可以提高读者的机械识图能力。

本书由包头职业技术学院孙慧、徐丽娜担任主编，张晓光、王利全、邢美峰、李朔等教学一线老师合作编写，具体分工如下：孙慧编写第 6 章、第 8 章、第 9 章，徐丽娜编写第 2 章、第 5 章、第 10 章，张晓光编写第 7 章、第 12 章，王利全编写第 1 章、第 3 章，邢美峰编写第 4 章，李朔编写第 11 章，全书由孙慧统稿和修订。

本书在编写过程中，参考及引用了参考文献中的文献资料，在此对这些作者朋友表示诚挚的感谢。

由于编者水平有限，书中错误、遗漏及不足之处在所难免，敬请广大读者和同仁批评指正，编者邮箱：sunhui2366@163.com。

编　者

目　　录

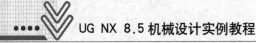

第1章　UG NX 8.5 基础知识

　　UG NX 8.5 是当今应用最为广泛的大型 CAD/CAE/CAM 集成化软件之一，该软件不仅具有强大的实体造型、曲面造型、虚拟装配和生成工程图等设计功能；而且在设计过程中可进行有限元分析、机构运动分析、动力学分析和仿真模拟等。UG NX 广泛应用于航空、航天、汽车、造船、通用机械、电子设计等产品的加工制造领域。本章以 UG NX 8.5 软件为平台，全面介绍该软件的功能特点以及基本应用与操作。

1.1　初识 UG NX 8.5

【学习目标】

　　通过本项目的学习，熟练掌握 UG NX 8.5 的基本应用，包括软件的启动、文件的新建与打开、界面的定制、鼠标的操作以及键盘快捷方式的应用。

【学习重点】

　　学习软件的启动、文件的新建与打开、界面的定制、鼠标的操作及键盘快捷方式等操作过程。

【操作步骤】

1. 程序的启动和退出

1) 程序的启动

UG NX 8.5 程序的启动有以下三种方式。

方法一：通过"开始"菜单启动，操作步骤如下。

(1) 打开"开始"菜单。

(2) 选择 Siemens NX 8.5 文件夹下的 NX 8.5 应用程序，如图 1-1 所示。

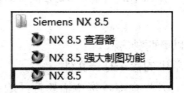

图 1-1　选择 NX 8.5 应用程序

方法二：通过桌面快捷方式启动。

方法三：直接打开 UG NX 8.5 的 PRT 格式文件。

2) 程序的退出

UG NX 8.5 程序的退出有以下两种方式。

方法一：通过"文件"菜单退出，操作步骤如下。

(1) 选择"文件"菜单。

(2) 选择"退出"命令中的 NX 8.5 应用程序。

方法二：单击操作界面右上角的 ✖ 按钮退出。

2. 文件的新建与打开

1) 文件的新建

启动 UG NX 8.5，进入初始界面，选择"新建"菜单，在弹出的"新建"对话框中选择相应功能模块。如选择"模型"选项卡目录下的"模型"选项。设置新建文件名称和文件夹，单击"确定"按钮，进入相应界面，如图 1-2 所示。

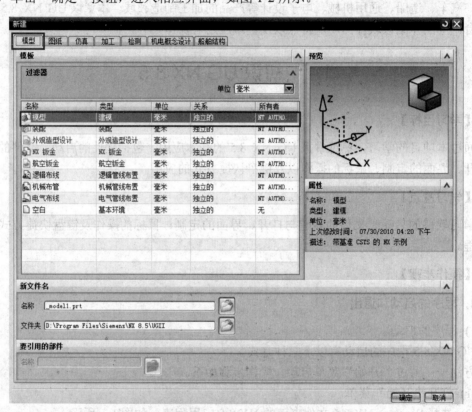

图 1-2　"新建"对话框

2) 文件的打开

UG NX 8.5 文件的打开有以下两种方式。

方法一：通过"文件"菜单中的命令打开文件。

选择"文件"菜单中的"打开"命令，选中需要打开的文件，单击"确定"按钮，进入打开的文件界面。

方法二：进入 UG NX 8.5 初始界面打开文件。

选择"打开"命令，选中需要打开的文件，单击"确定"按钮，进入打开的文件界面。

3. 用户操作界面简介

图 1-3 为操作界面的区域分布，各区域为操作者提供了最直观的功能展示和信息提示，让操作者能以最快、最直接的方式选择相应的功能与操作。

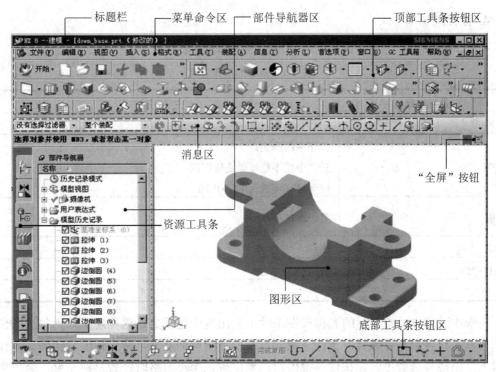

图 1-3　NX 8.5 操作界面

进入 UG NX 8.5 系统后，在建模环境下，可以对用户操作界面进行定制。具体操作步骤如下。

(1) 将鼠标光标移至图形区外的任意区域，右击鼠标，弹出快捷菜单。

(2) 选择"定制"命令，在弹出的"定制"对话框中用户可根据需要对用户界面进行工具条、命令、选项、布局和角色的定制，如图 1-4 所示。

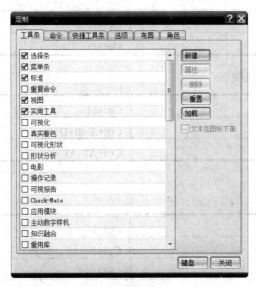

图 1-4　"定制"对话框

4. 鼠标的操作

在 UG NX 8.5 软件中，鼠标的各项操作应用如表 1-1 所示。

表 1-1　鼠标的操作应用

鼠标按键	主要用途
左键	选择和拖动对象
中键	操作中的确定； 按住中键不放可以旋转视图； 滚动可实现放大/缩小视图
右键	显示快捷菜单
中键+右键	平移
Ctrl+中键	应用
Alt+中键	取消

在操作过程中，将鼠标的光标放在工件上会出现变色现象，这种现象称为预选颜色，表示可以对该区域进行编辑。鼠标左键还具有快速拾取的功能，将光标放在实体、片体或曲线上，出现预选颜色时，按住左键停留，当出现三个小方格时释放鼠标左键，会出现快速拾取对话框，此时可以对框内的选项进行各种编辑。

5. 键盘快捷方式的操作

在 UG NX 8.5 软件中可以通过使用键盘快捷键对各选项快速进行相应操作。一些常用的快捷键如下。

1) 启动 UG NX 8.5 后的快捷键

新建	Ctrl+N
打开	Ctrl+O

2) 在基本环境中的快捷键

建模	Ctrl+M
制图	Ctrl+Shift+D
加工	Ctrl+Alt+M

3) 建模中的快捷键
(1) 标准。

新建	Ctrl+N
保存	Ctrl+S
粘贴	Ctrl+V
剪切	Ctrl+X

续表

撤销	Ctrl+Z
变换	Ctrl+M
复制	Ctrl+C
删除	Ctrl+D
移动对象	Ctrl+T
对象显示	Ctrl+J

(2) 草图曲线。

直线	L
圆弧	A
矩形	R
多边形	P
圆	O
艺术样条	S
轮廓	Z

1.2　UG NX 8.5 基本操作

【学习目标】

通过本项目的学习，熟练掌握 UG NX 8.5 的基本操作，包括首选项设置、对象的选择方式、零件的显示与隐藏以及图层的设置等。

【学习重点】

学习首选项设置、对象的选择方式、零件的显示与隐藏及图层的设置等操作过程。

【操作步骤】

1. 首选项设置

首选项设置主要是对一些模块的默认控制参数进行设置，如定义"新对象""用户建模""资源板""选择""可视化"等。首选项中的设置只对当前文件有效；保存当前文件会将首选项设置一起保存。在退出系统后，打开其他文件将恢复到默认的状态。也就是说，在首选项中设置的参数是临时的，要永久设置参数需要在用户默认设置中进行设置。

1) 对象参数设置

对象参数设置是指对一些模块的默认控制参数进行设置。可以设置新生成特征对象的属性和分析新对象时的显示颜色，包括线型、线宽、颜色等参数设置。该设置不影响已有的对象属性，也不影响通过复制已有对象而生成的对象属性。参数修改后，新绘制的对象，其属性为参数设置中所设置的属性。

选择"首选项"｜"对象"命令，弹出"对象首选项"对话框，该对话框主要用于设置直线、圆弧等对象的属性，如颜色、线型和线宽等，如图 1-5 所示。

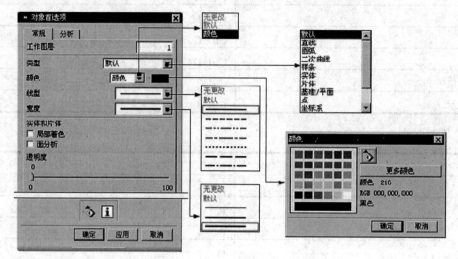

图 1-5　"对象首选项"对话框

2）用户界面设置

用户界面设置是对用户工作界面的参数进行设置。选择"首选项"｜"用户界面首选项"命令，弹出"用户界面首选项"对话框，该对话框中的各选项卡主要用来设置窗口位置、数值精度和宏选项等，如图 1-6 所示。

3）首选项设置

选择"首选项"｜"选择首选项"命令，弹出"选择首选项"对话框，该对话框主要用来设置光标预选对象后选择球大小、高亮显示的对象、尺寸链公差和矩形选取方式等选项。

4）背景设置

设置当前文件背景可以在"编辑背景"对话框中进行，具体步骤如下。

选择"首选项"｜"编辑背景"命令，弹出"编辑背景"对话框，进行相应设置，如图 1-7 所示。"着色视图"是指对着色视图工作区背景的设置，包括"纯色"和"渐变"两种模式。"线框视图"是指对线框视图工作区背景的设置，在"普通颜色"选项中，可以设置不是渐变颜色的普通背景颜色。"默认渐变颜色"可将"着色视图"和"线框视图"设置为默认的渐变颜色，即介于浅蓝色和白色间渐变的颜色。

2. 对象的选择方式

对象的选择主要包括"单一点选""快速拾取""矩形框选"和"选择所有"四种方式，具体操作如下。

1）单一点选

光标移到某一物体对象之上，该对象高亮显示，单击鼠标左键拾取。

2）快速拾取

光标在备选对象上停留直至出现"…"标记，单击鼠标左键，弹出"快速拾取"对话框，移动光标至某一物体对象之上，该对象高亮显示，单击选择。

图 1-6　"用户界面首选项"对话框

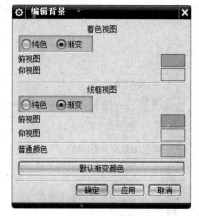

图 1-7　"编辑背景"对话框

3) 矩形框选

使用鼠标左键拖出一个矩形包围框选择对象，系统自动完成选择。

4) 选择所有

使用快捷键 Ctrl+A 选择所有。

3. 零件的显示与隐藏

在创建较复杂的模型时，通常会包含多个特征对象，而特征对象之间会存在遮挡现象；此时需要将不操作的对象暂时隐藏起来，再对未隐藏的对象进行特征操作，完成后，根据需要将隐藏的特征对象再重新显示出来。

1) 直接隐藏对象

选择实体，右击鼠标，弹出快捷菜单，选择"隐藏"命令，完成零件的隐藏。

2) 使用"隐藏"命令

在"编辑"菜单中选择"显示和隐藏"命令，选择相应的功能。

3) 使用部件导航器

通过打开实体或特征前面符号可以实现隐藏或显示，如图 1-8 所示。

4. 图层的设置

图层是指放置模型对象的不同层次。图层设置的主要作用是在进行复杂特征建模时可以方便地进行模型对象的管理。

UG NX 8.5 系统中最多可以设置 256 个图层，每个图层上可以放置任意数量的模型对象。在每个组件的所有图层中，只能设置一个图层为工作图层，所有的工作只能在工作图层上进行，其他图层可以对其可见性、可选择性等进行设置来辅助建模工作。

1) 图层设置

图层设置通过"图层设置"命令来完成，可以用来设置工作图层、可见图层、不可见图层和不可选图层，同时还能定义图层的类别名称。

在"格式"菜单中选择"图层设置"命令或在工具栏中单击图层图标，将弹出"图层设置"对话框，在该对话框中可以进行图层设置，如图 1-9 所示。

图 1-8　部件导航器　　　　　　　图 1-9　"图层设置"对话框

"图层设置"对话框中的主要选项如下。

(1) 工作图层：用于输入需要设置的图层层号，系统会选择该图层为当前工作层。

(2) 按范围/类别选择图层：在此输入范围或图层种类的名称，系统会选择属于该类别的所有图层，并自动改变其状态。

(3) 类别：单击该按钮，弹出"图层类别"对话框，可以利用该对话框对图层进行各种相关操作。

(4) 作为工作图层：单击该按钮，将指定图层设为工作图层。

(5) 不可见：单击该按钮，隐藏指定的图层，其上的所有对象不可见。

(6) 只可见：单击该按钮，指定的图层显示，其上的所有对象可见。

2) 在视图中可见

该功能用于控制工作视图中的某一图层是否可见。通常在创建比较复杂的模型时，为方便观察和操作，需隐藏某些图层，或者打开隐藏的图层。

选择"格式"｜"视图中可见图层"命令。在视图列表框中选择需要的视图，单击"确定"按钮，弹出"视图中的可见图层"对话框。在"图层"列表框中选择图层，单击"可见"或"不可见"按钮，使指定的图层可见或不可见。

3) 移动至图层

移动至图层指将选定的对象从一个图层移动到指定图层，原图层中不再包含选定的对象。

选择"格式"｜"移动至图层"命令，弹出"类选择"对话框，选择对象，单击"确定"按钮，弹出"图层移动"对话框，输入要移动到的图层名或图层类名，或在图层列表中选中某图层，则系统会将所选的对象移动到指定的图层上去。

4) 复制至图层

复制至图层是指将选取的对象从一个图层复制一个备份到指定的图层。其操作方法与"移动至图层"类似，二者的不同点在于执行"复制至图层"操作后，选取的对象将同时存在于原图层和指定图层中。

选择"格式"｜"复制至图层"命令，弹出"类选择"对话框，选择对象，单击"确定"按钮，弹出"图层复制"对话框。输入要复制到的图层名或图层类名，或在图层列表中选中某图层，系统会将所选的对象复制到指定的图层上去。

5) 图层分组

图层分组主要是划分图层的范围，对其进行层组操作，有利于分类管理，提高效率。

选择"格式"｜"图层类别"命令，弹出"图层类别"对话框，输入新类别名称，单击"创建/编辑"按钮。输入包含的图层范围，或者在图层列表中选择相应图层，添加到创建图层组下。

1.3　UG NX 8.5 基准特征

【学习目标】

通过本项目的学习，熟练掌握 UG NX 8.5 的基准特征操作，包括点构造器、矢量构造器、坐标系构造器、平面构造器及基准轴的创建等。

【学习重点】

学习创建点构造器、矢量构造器、坐标系、基准平面及基准轴等操作过程。

【操作步骤】

1. 创建点构造器

点构造器通常用于捕捉已有的点或创建新点。在 UG NX 8.5 的功能操作中，许多功能都需要指定一个点的位置，在此情况下可以使用"捕捉点"工具栏进行点的捕捉。同时，需要捕捉已有的点或创建新点时，还可以使用"点"命令来完成操作。

1) 点的捕捉

点的捕捉可以使用"捕捉点"工具栏进行相应操作，具体操作步骤如下所述。

(1) 选择"捕捉点"工具栏中需要捕捉的对象点，如圆心点。

(2) 使用鼠标单击圆弧即可捕捉到圆心点。

2) 点构造器

点构造器常用来确定和创建三维空间位置的点。具体操作步骤如下所述。

(1) 选择"信息"｜"点"命令，打开"点"对话框，如图 1-10 所示。

图 1-10　"点"对话框

(2) 根据具体情况，选择相应的点类型，其各种点类型的具体说明如表 1-2 所示。

表 1-2　点的类型和创建方法

类　型	创建方法
自动判断的点	根据鼠标在模型上的位置，自动推测出以下定点方法：光标位置、已存点、端点、控制点或中心点
光标位置	取当前光标位置指定的一个点
现有点	在已存在点对象位置指定一个点位置
终点	在鼠标所选特征上指定一个点位置。一般根据选择对象的位置不同，所取得的端点位置也不一样，通常选择最靠近位置端的端点
控制点	以所有存在的直线的中点和端点、圆弧的中点及端点等为基点，创建新的点或指定新点的位置
交点	在两曲线的交点位置或在已存曲线与已存曲面的交点位置，创建一个点或指定新点的位置
圆弧中心/椭圆中心/球心	选取圆弧中心/椭圆中心/球心创建一个点或指定新点的位置
圆弧或椭圆上的角度	在以坐标轴 XC 正向成一定角度的圆弧或椭圆上指定一个点或创建一个新点
象限点	在指定圆或椭圆的象限点指定一个点位置
点在曲线/边上	通过在曲线上最接近于光标中心位置创建点
曲面上的点	通过在曲面上设置参数来创建点

2. 创建矢量构造器

在 UG NX 8.5 建模过程中，经常会遇到指定矢量方向的情况，例如创建实体时的生成方向、投影方向、特征生成方向等。在此情况下，通常会使用矢量构造器来完成矢量方向的指定工作。矢量构造功能通常是其他功能中的一个子功能，在进行如拉伸、旋转等建模操作时应用。以拉伸功能为例，具体操作步骤如下。

(1) 在草图中完成圆的绘制后退出草图。

(2) 选择"拉伸"命令，在弹出对话框的"方向"选项栏中单击 按钮，打开"矢量"对话框，如图 1-11 所示。

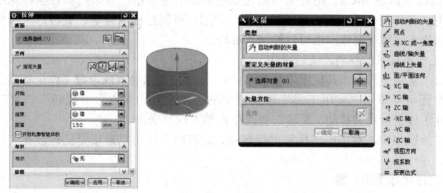

图 1-11 "拉伸"对话框和"矢量"对话框

(3) 根据具体要求，完成矢量的指定，其矢量类型及创建方法如表 1-3 所示。

表 1-3 矢量类型及创建方法

类 型	创建方法
自动判断的矢量	指定相对于选定几何体的矢量
两点	在任意两点之间指定一个矢量
与 XC 成一角度	在 XC-YC 平面中，在与 XC 轴成指定角度处指定一个矢量
曲线/轴矢量	指定与基准轴平行的矢量，或者指定与曲线或边在曲线、边或圆弧起始处相切的矢量。如果是完整的圆，软件将在圆心并垂直于圆面的位置处定义矢量。如果是圆弧，软件将在垂直于圆弧面并通过圆弧中心的位置处定义矢量
在曲线矢量上	在曲线上的任一点指定一个与曲线相切的矢量。可按照圆弧长或百分比圆弧长指定位置
面/平面法向	指定与基准面、平面的法向平行或与圆柱面的轴平行的矢量
XC 轴	指定一个与现有 CSYS 的 XC 轴或 X 轴平行的矢量
YC 轴	指定一个与现有 CSYS 的 YC 轴或 Y 轴平行的矢量
ZC 轴	指定一个与现有 CSYS 的 ZC 轴或 Z 轴平行的矢量
-XC 轴	指定一个与现有 CSYS 的负方向 XC 轴或负方向 X 轴平行的矢量
-YC 轴	指定一个与现有 CSYS 的负方向 YC 轴或负方向 Y 轴平行的矢量
-ZC 轴	指定一个与现有 CSYS 的负方向 ZC 轴或负方向 Z 轴平行的矢量

续表

类 型	创建方法
视图方向	指定与当前工作视图平行的矢量
按系数	按系数指定一个矢量
按表达式＝	使用矢量类型的表达式来指定矢量

3. 创建坐标系

在 UG NX 8.5 建模环境中共有三种坐标系方式：绝对坐标系 ACS、工作坐标系 WCS、机械坐标系 MCS。绝对坐标系是系统默认的坐标系，其原点和各坐标轴线的方向永远不变；工作坐标系也是由系统提供的，但用户可以任意地移动、旋转；机械坐标系可以随时创建、隐藏或删除，也可以移动、旋转。

1) 工作坐标系的移动、旋转操作

单击"实用工具"工具栏上"显示 WCS"图标，可以显示或隐藏工作坐标系。

同时还可以单击"实用工具"工具栏中的"动态""原点""旋转""更改"等图标，实现工作坐标系的移动、旋转、更改坐标轴方向等操作。

在实际操作中，对工作坐标系进行移动、旋转时，还可以直接将鼠标放在工作坐标系上操作。

2) 工作坐标系构造器

利用坐标系构造器可以构造一个新的工作坐标系。

执行"格式"｜"WCS 定向"命令，选择不同类型的选项完成新坐标系的指定，工作坐标系的类型及创建方法如表 1-4 所示。

表 1-4　工作坐标系类型及创建方法

类 型	创建方法
动态	通过手动移动 CSYS 到任何需要位置或方位，或创建一个关联、相对于选定 CSYS 动态偏置的 CSY
自动判断	定义一个与选定几何体相关的 CSYS 或通过 X、Y 和 Z 分量的增量来定义 CSYS。实际所使用的方法是基于选定的对象和选项
原点，X 点，Y 点	根据选定或定义的三个点来定义 CSYS。通过指定三个点，完成坐标系的新建。X 轴是从第一点到第二点的矢量；Y 轴是从第一点到第三点的矢量；原点是第一点
X 轴，Y 轴	根据选定或定义的两个矢量来定义 CSYS。X 轴和 Y 轴是矢量，原点是矢量交点
X 轴，Y 轴，原点	根据选定或定义的一点和两个矢量来定义 CSYS。X 轴和 Y 轴都是矢量，原点为一点
Z 轴，X 轴，原点	根据选择或定义的点和两个矢量定义 CSYS。Z 轴和 X 轴是矢量，原点是点
Z 轴，Y 轴，原点	根据选择或定义的点和两个矢量定义 CSYS。Z 轴和 Y 轴是矢量，原点是点
Z 轴，X 点	根据定义的一个点和一条 Z 轴来定义 CSYS。X 轴是从 Z 轴矢量到点的矢量；Y 轴是从 X 轴和 Z 轴计算得出的；原点是这三个矢量的交点

类　型	创建方法
对象的 CSYS	从选定的曲线、平面或制图对象的 CSYS 来定义相关的 CSYS
点，垂直曲线	通过一点且垂直于曲线定义 CSYS。当选择线性曲线时，X 轴是从曲线到点的垂直矢量；Y 轴是 Z 与 X 的矢量积；Z 轴是垂直点的切矢；原点是曲线上的点，垂直点在此点处垂直于曲线。当选择一条非线性曲线，X 轴点处于任意的方位并不指向选定的点
平面和矢量	根据选定或定义的平面和矢量来定义 CSYS。X 轴方向为平面法向；Y 轴方向为矢量在平面上的投影方向；原点为平面和矢量的交点
三个平面	根据三个选定的平面来定义 CSYS。X 轴是第一个基准平面/平的面的法线；Y 轴是第二个基准平面/平的面的法线；原点是这三个平面/面的交点
绝对 CSYS	指定模型空间坐标系作为坐标系。X 轴和 Y 轴是绝对 CSYS 的 X 轴和 Y 轴；原点为绝对 CSYS 的原点
当前视图的 CSYS	将当前视图的坐标系设置为坐标系。X 轴平行于视图底部；Y 轴平行于视图的侧面；原点为视图的原点(图形屏幕中间)。如果通过名称来选择，CSYS 将不可见或在不可选择的图层中
从 CSYS 偏置	根据指定的来自用户选定的坐标系的 X、Y 和 Z 的增量来定义 CSYS。X 轴和 Y 轴为现有 CSYS 的 X 轴和 Y 轴；原点为指定的点

4. 创建基准平面

在 UG NX 8.5 建模过程中会经常使用到各种平面，这些面可作为草图放置面、成形特征的放置面、拉伸特征的通过面、镜像操作的镜像面、投影面、修剪实体的面等。在使用前，需要用户自己去构建这些面。

选择"插入"｜"基准/点"｜"基准平面"命令，弹出"基准平面"对话框，在其中可以进行相应类型的操作设置。基准平面类型及创建方法如表 1-5 所示。

表 1-5　基准平面类型及创建方法

类　型	创建方法
自动判断	依赖光标选择几何对象，可选择一个或两个几何对象作为要定义平面的对象
点和方向	由一个点和一个面或线的法向方向定义一个基准面
在曲线上	选择曲线、点或实体边，其基准面可以位于切向方向所垂直的平面，点在曲线的位置可以通过离起始点的指定长度控制
YC-ZC 平面	在当前工作坐标系中创建一个 YC-ZC 基准平面
XC-ZC 平面	在当前工作坐标系中创建一个 XC-ZC 基准平面
XC-YC 平面	在当前工作坐标系中创建一个 XC-YC 基准平面
成一角度	创建一个与通过轴线成一定角度的基准平面
按某一距离	根据指定的参考平面和偏置值确定基准平面位置
二等分	根据选择的两个平面，在两平面之间平分出基准平面

续表

类　型	创建方法
曲线和点 📷	通过捕捉位置点和曲线或平面产生基准平面
两直线 📑	通过选择两条直线确定基准平面
相切 📖	通过圆弧面创建相切曲面
通过对象 📍	通过选择的对象创建基准平面，对象包括面、直线和基准平面等

5. 创建基准轴

基准轴是构建其他特征的矢量轴，在 UG NX 8.5 中基准轴的构件方法如下。

选择"插入"｜"基准/点"｜"基准轴"命令，弹出"基准轴"对话框，在其中可以进行相应类型的操作设置。基准轴类型及创建方法如表 1-6 所示。

表 1-6　基准轴类型及创建方法

类　型	创建方法
自动判断 🖊	选择实体边缘作为矢量方向
XC 轴 ᵡᶜ	使用指定的轴作为矢量方向，从而看到的是以动态的方式显示将要创建的基准轴
YC 轴 ʸᶜ	
ZC 轴 ᶻᶜ	
点和方向 ↘	以点和面的矢量方向判断其位置
两点 ✒	以指定的出发点和终止点判断矢量方向
在曲面矢量上 ⚡	以选择的实体边缘判断曲线矢量方向

本 章 小 结

通过本章的学习，读者重点掌握 UG NX 8.5 软件的启动、文件的新建与打开、界面的定制、鼠标的操作、键盘快捷方式、首选项设置、对象的选择方式、零件的显示与隐藏、图层的设置及创建点构造器、矢量构造器、坐标系、基准平面和基准轴等。

技能实战训练题

1. UG NX 8.5 软件中主要有哪些功能模块？各自的功能是什么？
2. UG NX 8.5 软件的操作界面主要包括哪些组成部分？
3. 如何将绘图区域的背景颜色设置为白色？
4. 导航栏主要包括哪几个导航器？
5. 常用的 CAD 软件数据交换格式有哪些？

第2章 二维草图设计

草图是 UG NX 8.5 建模中建立参数化模型的一个重要工具。草图对象由草图的直线、圆、圆弧等元素构成，并且草图中的所有图形元素都可以进行参数化控制。运用草图工具可以非常方便地完成简单或复杂的草图绘制。本章主要介绍连杆、曲柄、槽轮、支架零件二维草图绘制的一般方法与应用技巧。

2.1 连杆轮廓的绘制

【学习目标】

通过本项目的学习，熟练掌握圆、直线、矩形、倒圆角、几何约束、尺寸约束、偏置曲线、快速修剪、设为对称等命令的应用与操作方法。

【学习重点】

综合运用各种命令绘制连杆零件轮廓的二维草图，如图 2-1 所示。

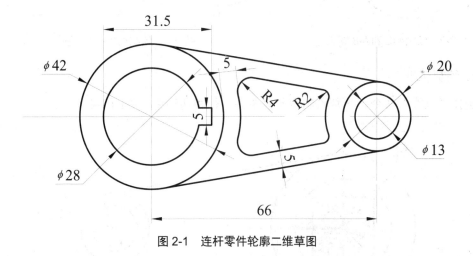

图 2-1 连杆零件轮廓二维草图

【草图绘制】

连杆零件轮廓的二维草图绘制过程如下。

1. 新建文件

启动 UG NX 8.5 软件，新建部件文件 liangan.prt，再选择"开始"菜单中的"建模"命令，进入 UG NX 8.5 建模界面。

2. 进入草图环境

选择"插入"｜"任务环境中的草图"菜单命令，然后选择 XC-YC 基准平面，单击

"确定"按钮，进入草绘环境。

3. 创建ϕ42 圆和ϕ28 圆

(1) 选择"圆"命令，绘制一个ϕ42 圆。

(2) 选择"几何约束" | "点在曲线上"命令，约束圆心在坐标系原点。

(3) 选择"圆"命令，绘制一个ϕ28 圆。

(4) 选择"几何约束" | "同心"命令，约束两圆同心，如图 2-2 所示。

4. 创建ϕ13 圆和ϕ20 圆

选择"圆"命令，分别在 X 轴上绘制ϕ13 和ϕ20 圆，约束两圆同心，并将其与坐标系原点之间的距离设置为 66，如图 2-3 所示。

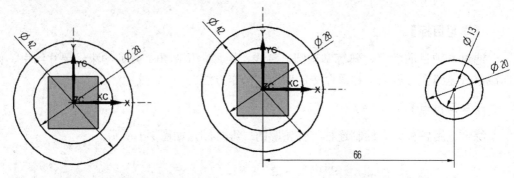

图 2-2　绘制ϕ42 和ϕ48 圆　　　　　图 2-3　绘制ϕ13 和ϕ20 圆

5. 绘制切线

选择"直线"命令，分别绘制两条直线并进行相切约束，如图 2-4 所示。

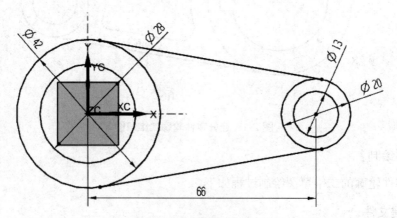

图 2-4　绘制切线

6. 偏置曲线

(1) 选择"偏置曲线"命令，按照图纸要求偏置轮廓曲线。

(2) 选择"快速修剪"命令，修剪草图，如图 2-5 所示。

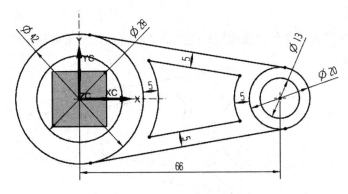

图 2-5　偏置曲线

7. 创建倒圆角

选择"圆角"命令，分别将倒圆角设置为 R2 和 R4，如图 2-6 所示。

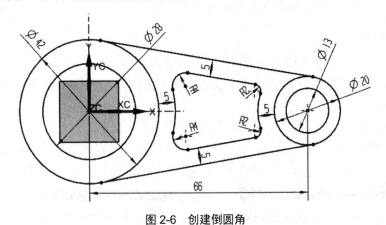

图 2-6　创建倒圆角

8. 创建矩形键槽

(1) 选择"矩形"命令，绘制一个矩形，并设置与 X 轴对称约束。

(2) 选择"快速修剪"命令，对草图进行修剪。

(3) 选择"自动判断尺寸"命令，分别标注尺寸，如图 2-7 所示。

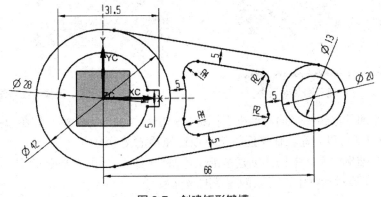

图 2-7　创建矩形键槽

9. 保存文件

退出草图环境并保存文件，完成连杆轮廓的草图绘制，如图 2-8 所示。

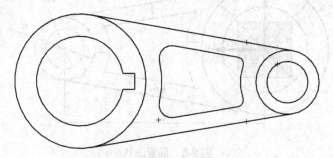

图 2-8　连杆零件二维草图轮廓

【知识点引入】

绘制连杆零件轮廓的二维草图需要掌握以下知识。

1. 创建草图

选择"插入"｜"任务环境中的草图"菜单命令，弹出"创建草图"对话框，在"类型"下拉列表中主要包括两种类型：在平面上和基于路径。下面分别介绍这两种创建方法。

1) 在平面上

在"平面方法"下拉列表中，提供了三种草图平面，如图 2-9 所示。

(1) 现有平面。在"平面方法"下拉列表中，选择"现有平面"选项，在绘图区中选择一个已有的平面作为草图绘制的工作平面(如 XC-YC 基准平面)，如图 2-10 所示。

图 2-9　"创建草图"对话框

图 2-10　选择平面方法

(2) 创建平面。单击"平面对话框"图标，弹出"平面"对话框，如图 2-11 所示。在该对话框中用户既可以创建工作平面，又可以选择预定义平面。

(3) 创建基准坐标系。单击"创建基准坐标系"图标，弹出"基准 CSYS"对话框，如图 2-12 所示。在该对话框中，可以创建基准坐标系。

图 2-11　"平面"对话框

图 2-12　"基准 CSYS"对话框

2) 基于路径

基于路径是以现有的直线、圆、实体边线、圆弧等曲线为基础，选择与曲线轨迹垂直、平行等各种不同关系形成的平面作为草图平面。

在"创建草图"对话框的"类型"下拉列表中，选择"基于路径"选项。然后将"选择路径"设置为"曲线轨迹"，同时在对话框中设置"平面位置""平面方位"等参数，效果如图 2-13 所示。

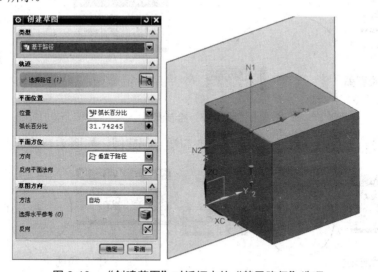

图 2-13　"创建草图"对话框中的"基于路径"选项

2. 草图工具

"草图工具"工具栏如图 2-14 所示。

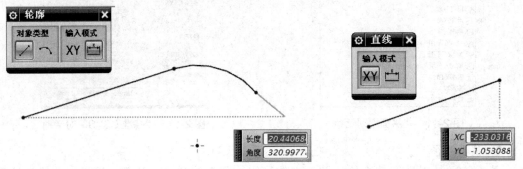

图 2-14   "草图工具"工具栏

工具栏中的工具介绍如下。

(1) 轮廓 ⌇⌇：用线串模式创建一系列连续的直线或圆弧，如图 2-15 所示。

(2) 直线 ⟋：通过指定两点来绘制直线，如图 2-16 所示。

图 2-15   绘制轮廓线   图 2-16   绘制直线

(3) 圆弧 ⌒：通过三点或通过指定其中心和端点创建圆弧，如图 2-17 所示。

三点画圆弧   中心和两端点

图 2-17   绘制圆弧

(4) 圆 ◯：通过三点或通过指定其中心和端点创建圆，如图 2-18 所示。

三点画圆   中心和两点

图 2-18   绘制圆

(5) 矩形 ▭：通过按 2 点、按 3 点或从中心三种方法创建矩形，如图 2-19 所示。

按2点　　　　　　　　　按3点　　　　　　　　　中心

图 2-19　绘制矩形

(6) 多边形⬡：创建具有指定数量的边的多边形，如图 2-20 所示。

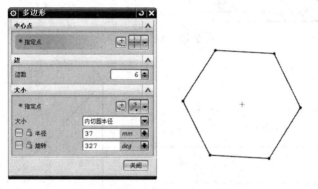

图 2-20　绘制多边形

(7) 椭圆⬯：根据中心点和尺寸创建椭圆，如图 2-21 所示。

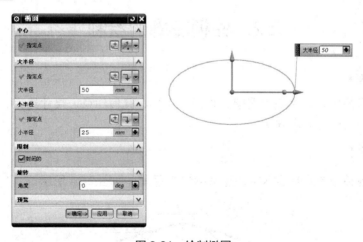

图 2-21　绘制椭圆

(8) 艺术样条 ⬩：通过拖放定义点或极点并在定义点指定斜率或曲率约束的方法，动态地绘制和编辑样条，如图 2-22 所示。

(9) 派生直线 ⬩：在两条平行直线中间创建一条与另一条平行的直线，或在两条不平行直线之间创建一条平分线，如图 2-23 所示。

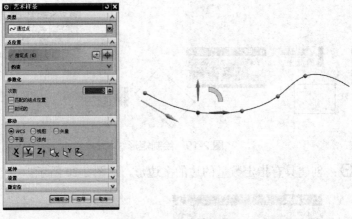

图 2-22　绘制艺术样条

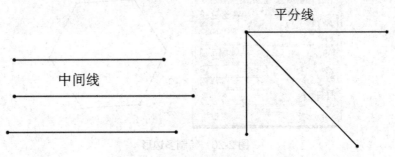

图 2-23　绘制派生直线

2.2　曲柄轮廓的绘制

【学习目标】

通过本项目的学习，熟练掌握圆、直线、矩形、几何约束、尺寸约束、镜像曲线、快速修剪等命令的应用与操作方法。

【学习重点】

综合运用各种命令绘制曲柄零件轮廓的二维草图，如图 2-24 所示。

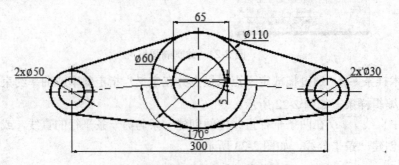

图 2-24　曲柄零件轮廓二维草图

【草图绘制】

曲柄零件轮廓的二维草图绘制过程如下。

1. 新建文件

启动 UG NX 8.5 软件，新建部件文件 qubing.prt，再选择"开始"菜单中的"建模"命令，进入 UG NX 8.5 建模模块界面。

2. 进入草图环境

选择"插入"｜"任务环境中的草图"菜单命令，然后选择 XC-YC 基准平面，单击"确定"按钮，进入草绘环境。

3. 创建ϕ110 圆和ϕ60 圆

(1) 选择"圆"命令，绘制一个ϕ110 圆。
(2) 选择"几何约束"｜"点在曲线上"菜单命令，约束圆心在坐标系的原点。
(3) 选择"圆"命令，绘制一个ϕ60 圆。
(4) 选择"几何约束"｜"同心"菜单命令，约束两圆同心，如图 2-25 所示。

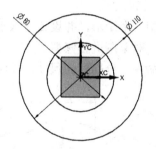

图 2-25 绘制ϕ110 和ϕ60 圆

4. 创建ϕ30 圆和ϕ50 圆

(1) 选择"圆"命令，分别绘制ϕ30 圆和ϕ50 圆，并约束两圆同心。
(2) 选择"直线"命令，分别经过两个圆心绘制一条直线。
(3) 选择"转换为参考"命令，将直线转换为参考线。
(4) 选择"自动判断尺寸"命令，分别标注各尺寸，如图 2-26 所示。
(5) 选择"镜像曲线"命令，将ϕ30、ϕ50 两个圆及参考线镜像到另一侧，如图 2-27 所示。

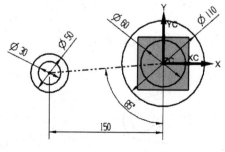

图 2-26 绘制ϕ30 和ϕ50 圆

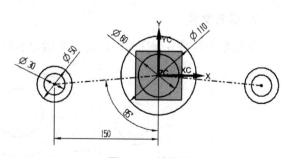

图 2-27 镜像圆

5. 绘制切线

选择"直线"命令，分别绘制四条直线并进行相切约束，如图 2-28 所示。

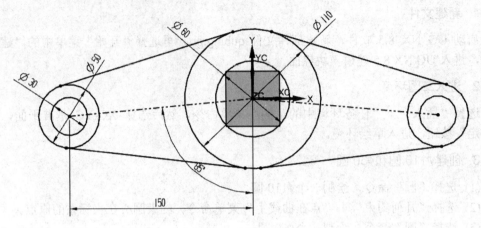

图 2-28　绘制切线

6. 创建矩形键槽

(1) 选择"矩形"命令，绘制一个矩形，并设置与 X 轴对称约束。

(2) 选择"快速修剪"命令，对草图进行修剪。

(3) 选择"自动判断尺寸"命令，分别标注尺寸，如图 2-29 所示。

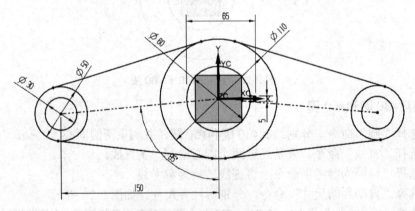

图 2-29　绘制矩形键槽

7. 保存文件

退出草图环境并保存文件，完成曲柄轮廓的草图绘制，如图 2-30 所示。

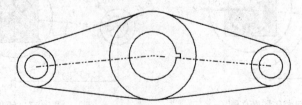

图 2-30　曲柄零件二维草图轮廓

【知识点引入】

草图约束包括三种类型：尺寸约束、几何约束和定位约束等。下面分别作详细介绍。

1. 尺寸约束

尺寸约束是用于定义草图的大小和草图对象的相对位置，其类型有以下九种。

(1) 自动判断尺寸 ：通过基于选定的对象和光标的位置自动判断尺寸约束类型来创建尺寸约束。

(2) 水平尺寸 ：在两点之间创建水平距离约束。

(3) 竖直尺寸 ：在两点之间创建竖直距离约束。

(4) 平行尺寸 ：在两点之间创建平行距离约束(两点之间的最短距离)。

(5) 垂直尺寸 ：在直线和点之间创建垂直距离约束。

(6) 角度尺寸 ：在两条不平行的直线之间创建角度约束。

(7) 直径尺寸 ：为圆弧或圆创建直径约束。

(8) 半径尺寸 ：为圆弧或圆创建半径约束。

(9) 周长尺寸 ：创建周长约束以控制选定直线和圆弧的集体长度。

2. 几何约束

几何约束是用于约束草图对象之间、草图对象和曲线之间及草图对象和特征之间草图对象的位置。其类型有以下十二种。

(1) 重合 ：约束两个或多个顶点或点，使之重合，如图 2-31 所示。

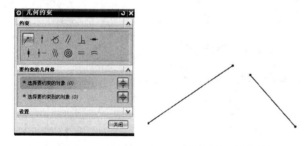

图 2-31　重合约束

(2) 点在曲线上 ：将点或顶点约束在一条曲线上，如图 2-32 所示。

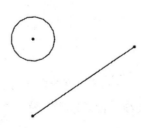
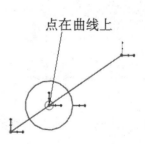

图 2-32　点在曲线上约束

(3) 相切 ⟨图标⟩：约束两圆或曲线与圆，使之相切，如图 2-33 所示。

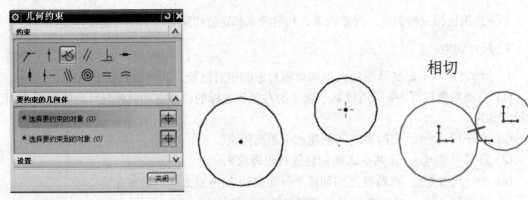

图 2-33　相切约束

(4) 平行 //：约束两条或多条曲线，使之平行，如图 2-34 所示。

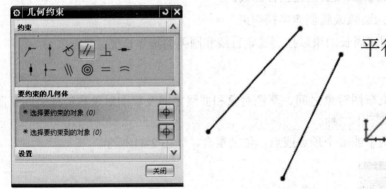

图 2-34　平行约束

(5) 垂直 ⟨图标⟩：约束两条曲线，使之垂直，如图 2-35 所示。

图 2-35　垂直约束

(6) 水平 ⟨图标⟩：约束一条或多条线，使之水平放置，如图 2-36 所示。

图 2-36　水平约束

(7) 竖直 ：约束一条或多条线，使之竖直放置，如图 2-37 所示。

图 2-37　竖直约束

(8) 中点 ┠─：约束顶点或点，使之与某条线的中点对齐，如图 2-38 所示。

 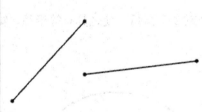 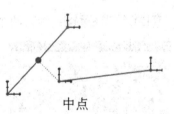

图 2-38　中点约束

(9) 共线 ：约束两条或多条线，使之共线，如图 2-39 所示。

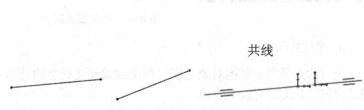

图 2-39　共线约束

(10) 同心 ◎：约束两圆或多个圆，使之同心，如图 2-40 所示。

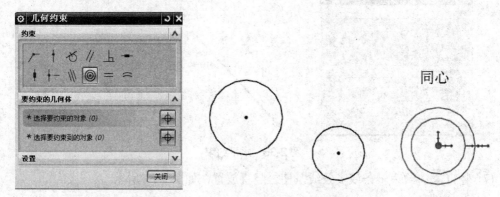

图 2-40　同心约束

(11) 等长 ══：约束两条或多条线，使之等长，如图 2-41 所示。

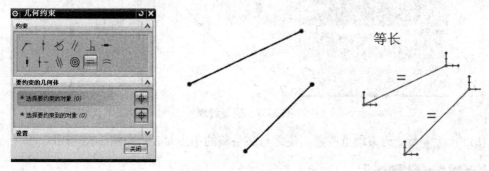

图 2-41　等长约束

(12) 等半径 ～：约束两个或多个圆弧，使之具有等半径，如图 2-42 所示。

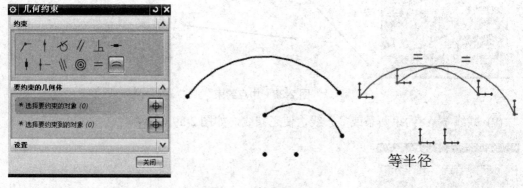

图 2-42　等半径约束

3. 定位约束

定位约束是用于草图对象之间、草图对象和曲线之间及草图对象和特征之间，定位草图的位置。其类型有以下四种。

(1) 创建 ：相对于现有几何体定位草图。

(2) 编辑 ：通过编辑定位尺寸移动草图。

(3) 删除　：删除草图定位尺寸。

(4) 重新定义　：更新定位尺寸引用的几何体。

2.3　槽轮轮廓的绘制

【学习目标】

通过本项目的学习，熟练掌握圆、直线、几何约束、尺寸约束、阵列曲线、快速修剪等命令的应用与操作方法。

【学习重点】

综合运用各种命令绘制槽轮零件轮廓的二维草图，如图 2-43 所示。

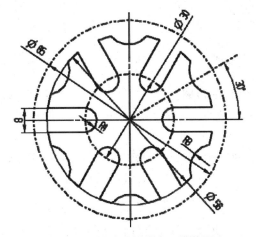

图 2-43　槽轮零件轮廓二维草图

【草图绘制】

槽轮零件轮廓的二维草图绘制过程如下。

1. 新建文件

启动 UG NX 8.5 软件，新建部件文件 caolun.prt，再选择"开始"菜单中的"建模"命令，进入 UG NX 8.5 建模模块界面。

2. 进入草图环境

选择"插入"｜"任务环境中的草图"菜单命令，然后选择 XC-YC 基准平面，单击"确定"按钮，进入草绘环境。

3. 创建 ϕ65、ϕ56、ϕ30 三个圆

(1) 选择"圆"命令，绘制一个 ϕ65 圆，约束圆心在坐标系原点。

(2) 选择"圆"命令，分别绘制 ϕ56、ϕ30 圆，约束三个圆同心，如图 2-44 所示。

4. 创建直线

(1) 选择"直线"命令，经过圆心绘制一条直线。

(2) 选择"转换为参考"命令，将直线转变为参考线。

(3) 选择"自动判断尺寸"命令，分别标注尺寸，如图 2-45 所示。

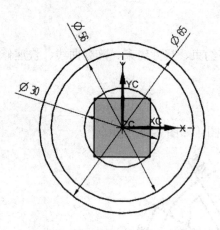

图 2-44　绘制ϕ65、ϕ56 和ϕ30 圆

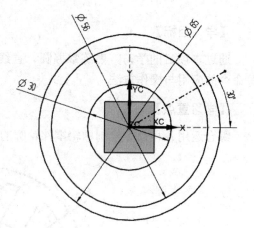

图 2-45　绘制直线标注尺寸

5. 创建ϕ8 圆

选择"圆"命令，绘制一个ϕ8 圆，将ϕ8 圆的圆心约束在 X 轴和ϕ30 圆交点处，如图 2-46 所示。

6. 绘制切线

选择"直线"命令，绘制两条与ϕ8 圆相切、与 X 轴平行的直线，如图 2-47 所示。

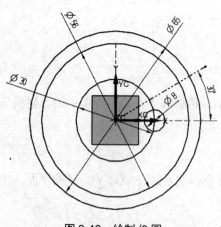

图 2-46　绘制ϕ8 圆

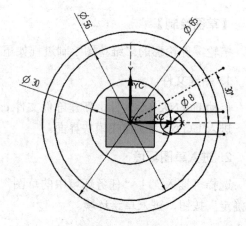

图 2-47　绘制直线

7. 创建ϕ16 圆

选择"圆"命令，绘制一个ϕ16 圆，将ϕ16 圆的圆心约束在ϕ65 圆与ϕ30 方向的直线交点处，如图 2-48 所示。

8. 阵列曲线

选择"阵列曲线"命令，选择要阵列的曲线，将"布局"设置为"圆形"，将"指定点"设置为(0，0，0)，将"间距"设置为"数量和节距"，将"数量"设置为"6"，将"节距角"设置为"60"，单击"确定"按钮，如图 2-49 所示。

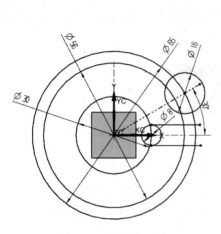

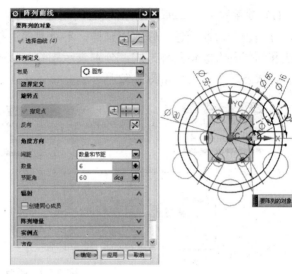

图 2-48　绘制ϕ16 圆　　　　　　　　图 2-49　圆形阵列圆

9. 修剪草图

选择"快速修剪"命令，按要求修剪草图，并将ϕ30、ϕ65 圆转变成参考线，如图 2-50 所示。

10. 保存文件

退出草图环境，并保存文件，完成槽轮轮廓的草图绘制，如图 2-51 所示。

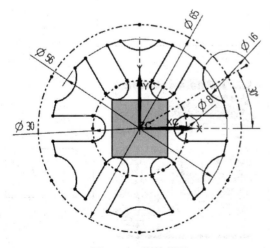

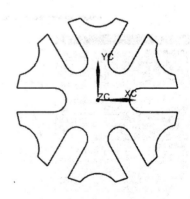

图 2-50　修剪草图　　　　　　　　图 2-51　槽轮零件二维草图轮廓

【知识点引入】

草图编辑等操作除了使用草图绘制工具进行草图对象的绘制以外，还可以对现有曲线使用草图操作工具来辅助创建草图对象，如草图编辑、偏置曲线、阵列曲线、镜像曲线、投影曲线等。

(1) 圆角 ：在二或三条曲线之间创建圆角。圆角方法分为修剪和取消修剪两种方式，分别表示对曲线进行修剪或延伸，不对曲线进行修剪也不延伸。选项分为删除第三条曲线和创建备选圆角两种方式，分别表示删除与该圆角相切的第三条曲线，对倒圆角存在的多种状态进行变换，如图 2-52 所示。

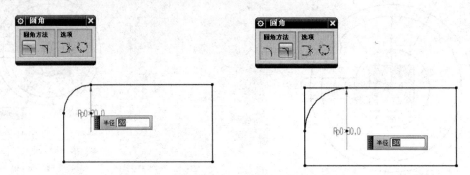

图 2-52　圆角

(2) 倒斜角 ：对两条草图线之间的尖角进行倒斜角。倒斜角分为对称、非对称、偏置和角度三种方式，如图 2-53 所示。

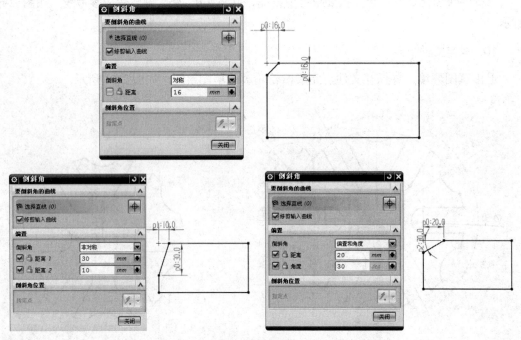

图 2-53　倒斜角

（3）快速修剪 ⚡：以任一方向将曲线修剪至最近的交点或选定的边界，如图 2-54 所示。

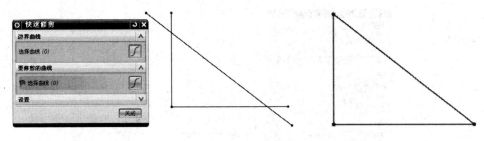

图 2-54　快速修剪

（4）快速延伸 ✕：将曲线延伸至另一邻近曲线或选定的边界，如图 2-55 所示。

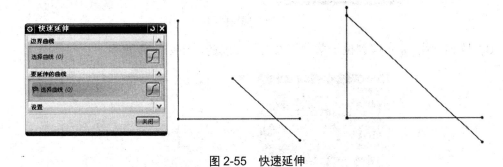

图 2-55　快速延伸

（5）制作拐角 ⊤：延伸或修剪两条曲线以制作拐角，如图 2-56 所示。

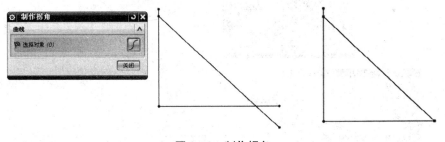

图 2-56　制作拐角

（6）设为对称 ⊬：将两个点或曲线约束为相对于草图上的对称线，如图 2-57 所示。

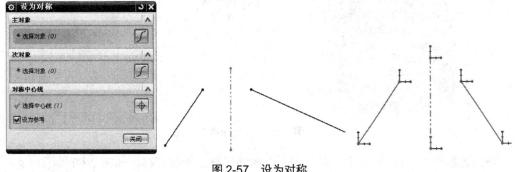

图 2-57　设为对称

(7) 偏置曲线 ：偏置位于草图平面上的曲线链，如图 2-58 所示。

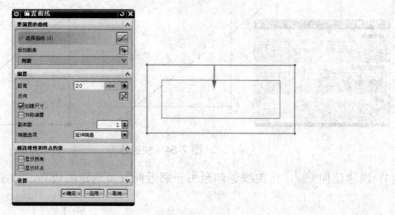

图 2-58　偏置曲线

(8) 阵列曲线 ：阵列位于草图平面上的曲线链，如图 2-59 所示。

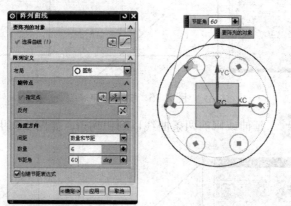

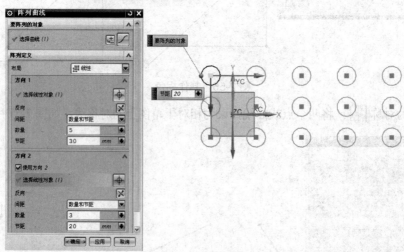

图 2-59　阵列曲线

(9) 镜像曲线 ：创建位于草图平面上的曲线链的镜像图样，如图 2-60 所示。

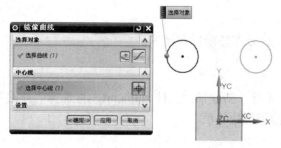

图 2-60　镜像曲线

(10) 投影曲线 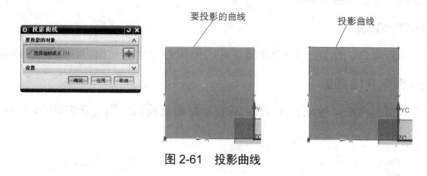：沿草图平面的法向将曲线、边或点投影到草图上，如图 2-61 所示。

图 2-61　投影曲线

2.4　支架轮廓的绘制

【学习目标】

通过本项目的学习，熟练掌握圆、圆弧、轮廓线、倒圆角、几何约束、尺寸约束、偏置曲线、镜像曲线、快速修剪等命令的应用与操作方法。

【学习重点】

综合运用各种命令绘制支架零件轮廓的二维草图，如图 2-62 所示。

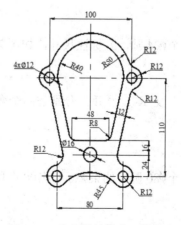

图 2-62　支架零件轮廓二维草图

【草图绘制】

支架零件轮廓的二维草图绘制过程如下。

1. 新建文件

启动 UG NX 8.5 软件，新建部件文件 zhijia.prt，再选择"开始"菜单中的"建模"命令，进入 UG NX 8.5 建模模块界面。

2. 进入草图环境

选择"插入"｜"任务环境中的草图"菜单命令，然后选择 XC-YC 基准平面，单击"确定"按钮，进入草绘环境。

3. 创建 ϕ100 圆

选择"圆"命令，绘制一个 ϕ100 圆，并约束圆心在坐标系原点，如图 2-63 所示。

4. 创建两个 R12 圆弧

选择"圆弧"命令，绘制两个 R12 圆弧，并约束圆弧、圆心在 ϕ100 圆上和 X 轴上，如图 2-64 所示。

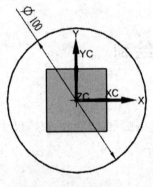

图 2-63　绘制 ϕ100 圆

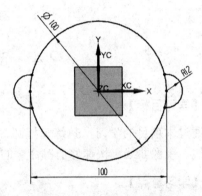

图 2-64　绘制 R12 圆弧

5. 创建两个 ϕ24 圆

选择"圆"命令，绘制两个 ϕ24 圆，并标注尺寸，如图 2-65 所示。

6. 创建 R45 圆弧

选择"圆弧"命令，绘制一段 R45 圆弧，分别与两个 ϕ24 圆相切，圆心约束在 Y 轴上，如图 2-66 所示。

7. 创建 ϕ80 圆

选择"圆"命令，绘制一个 ϕ80 圆，约束 ϕ80 与 ϕ100 两圆同心，如图 2-67 所示。

8. 绘制轮廓曲线

选择"轮廓曲线"命令，绘制轮廓曲线，标注尺寸，并修剪曲线，如图 2-68 所示。

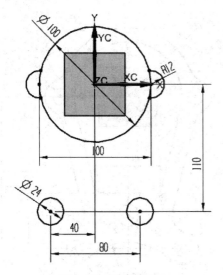

图 2-65　绘制 φ24 圆

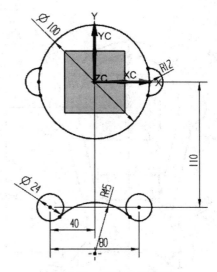

图 2-66　绘制 R45 圆弧

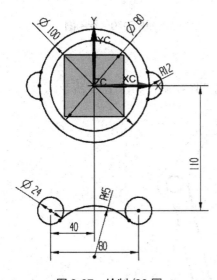

图 2-67　绘制 φ80 圆

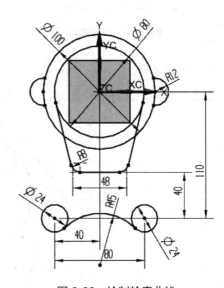

图 2-68　绘制轮廓曲线

9. 偏置曲线

(1) 选择"偏置曲线"命令，按图纸要求偏置轮廓曲线。

(2) 选择"倒圆角"命令，分别倒圆角为 R12。

(3) 选择"修剪曲线"命令，进行修剪轮廓曲线，如图 2-69 所示。

10. 创建四个 φ12 圆和一个 φ16 圆

(1) 选择"圆"命令，分别绘制两个 φ12 圆及一个 φ16 圆。

(2) 选择"几何约束"｜"同心"菜单命令，约束两圆同心。

(3) 选择"几何约束"｜"点在曲线上"菜单命令，约束 φ16 圆圆心在 Y 轴上。

(4) 选择"自动判断尺寸"命令，标注尺寸，如图 2-70 所示。

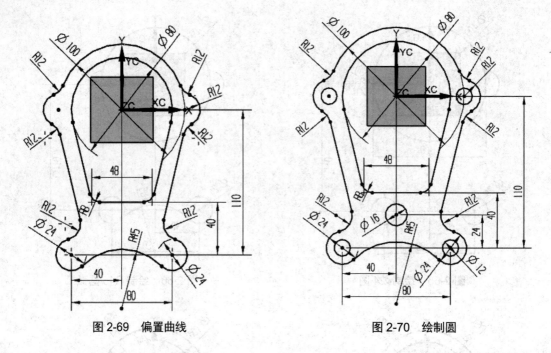

图 2-69　偏置曲线　　　　　　　　　　图 2-70　绘制圆

11. 保存文件

退出草图环境，并保存文件，完成支架轮廓的草图绘制，如图 2-71 所示。

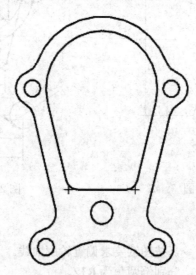

图 2-71　支架零件二维草图轮廓

本 章 小 结

通过本章的学习，读者重点掌握 UG NX 8.5 软件的草图功能内容，包括创建草图、草图工具、草图约束、草图编辑及草图操作等。

技能实战训练题

试根据图 2-72～图 2-83 所示平面图形的尺寸要求，完成二维草图绘制。

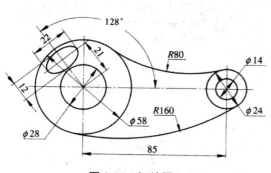

图 2-72　训练题 1

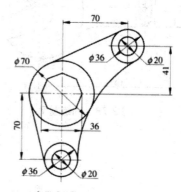

图 2-73　训练题 2

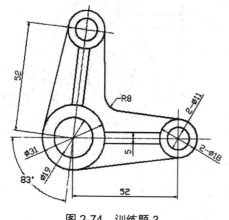

图 2-74　训练题 3

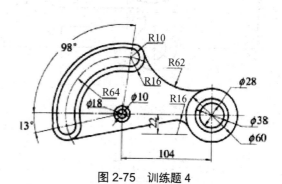

图 2-75　训练题 4

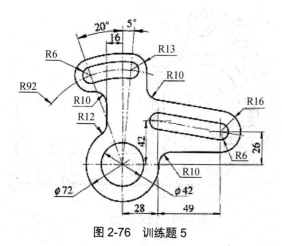

图 2-76　训练题 5

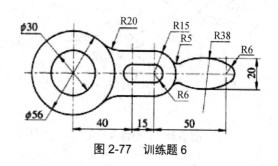

图 2-77　训练题 6

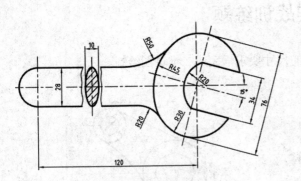

图 2-78 训练题 7

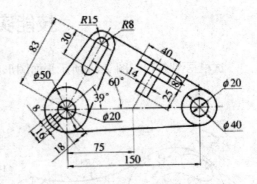

图 2-79 训练题 8

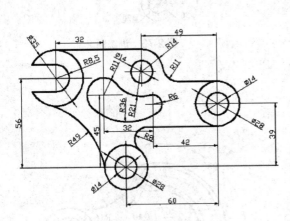

图 2-80 训练题 9

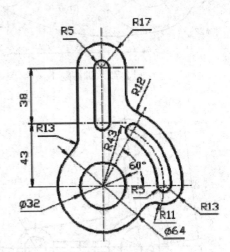

图 2-81 训练题 10

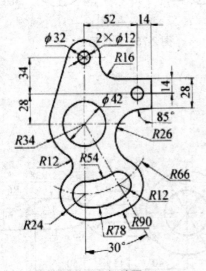

图 2-82 训练题 11

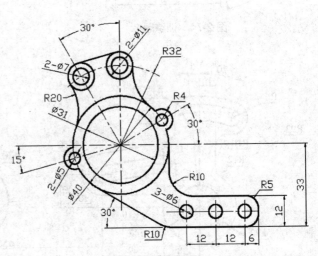

图 2-83 训练题 12

第3章 螺栓螺母零件设计

螺栓在机械制造中广泛应用于可拆连接，一般与螺母(通常再加上一个垫圈或两个垫圈)配套使用。螺栓按连接的受力方式分普通螺栓和铰制孔螺栓。按头部形状分为六角头、圆头、方形头和沉头。其中方形头拧紧力较大，但是尺寸也很大；六角头是最常用的。

螺栓的产品等级分为 A、B、C 三级。其中 A 级最精确，C 级精度最差。A 级用于承载较大、精度要求较高或受冲击、振动载荷的场合。

螺栓的性能等级有 3.6、4.6、4.8、5.6、6.8、8.8、9.8、10.9、12.9 等 10 余个，其中 8.8 级及以上螺栓材质为低碳合金钢或中碳钢并经热处理(淬火、回火)，通称为高强度螺栓，其余通称为普通螺栓。

螺母是与螺栓或螺杆拧在一起用来起紧固作用的零件。螺母根据材料可分为碳钢、不锈钢、有色金属(如铜)等类型，六角螺母按照公称厚度分为 1 型、2 型和薄型三种，其中 1 型的六角螺母应用最广。1 型螺母又分 A、B、C 三级，其中 A 级和 B 级螺母适用于表面粗糙度较小、对精度要求较高的机器、设备和结构，而 C 级螺母则适用于表面比较粗糙、对精度要求不高的机器、设备或结构；2 型六角螺母比较厚，多用在经常需要装拆的场合。

3.1 内六角螺栓的建模

【学习目标】

通过本项目的学习，熟练掌握拉伸、孔、倒斜角、边倒圆、螺纹等命令的应用与操作方法。

【学习重点】

综合运用各种命令完成内六角螺栓零件的三维建模，如图 3-1 所示。

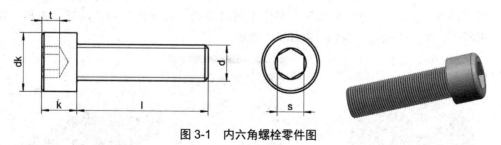

图 3-1 内六角螺栓零件图

M20×70 内六角螺栓基本结构尺寸为：d=20mm，dk=30mm，k=20mm，t=10mm，s=17mm，l=70mm。

【建模步骤】

内六角螺栓零件三维建模过程如下。

1. 新建文件

启动 UG NX 8.5 软件，新建部件文件 neiliujiaoluoshuan.prt，再选择"开始"菜单中的"建模"命令，进入 UG NX 8.5 建模模块界面。

2. 绘制草图

选择"插入"|"任务环境中的草图"菜单命令，然后选择 XC-YC 基准平面，单击"确定"按钮，进入草绘环境，绘制草图，如图 3-2 所示。

3. 创建拉伸

选择"拉伸"命令，弹出"拉伸"对话框，将"选择曲线"设置为上一步绘制的草图，将开始值"距离"设置为"0"，将结束值"距离"设置为"20"，将"布尔"设置为"自动判断"，单击"确定"按钮，如图 3-3 所示。

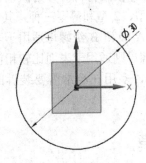

图 3-2 绘制草图

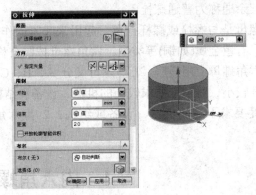

图 3-3 创建拉伸体

4. 绘制草图

选择"插入"|"任务环境中的草图"菜单命令，然后选择 XC-YC 基准平面，单击"确定"按钮，进入草绘环境，绘制草图，如图 3-4 所示。

5. 创建拉伸

选择"拉伸"命令，弹出"拉伸"对话框，将"选择曲线"设置为上一步绘制的草图，将开始值"距离"设置为"0"，将结束值"距离"设置为"70"，将"布尔"设置为"求和"，单击"确定"按钮，如图 3-5 所示。

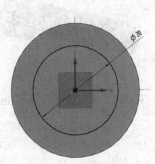

图 3-4 绘制圆

图 3-5 创建拉伸体

6. 创建倒斜角

选择"倒斜角"命令，弹出"倒斜角"对话框，将"横截面"设置为"对称"，将"距离"设置为"1"，点选相应的实体边界，单击"确定"按钮，如图 3-6 所示。

图 3-6　创建倒斜角

7. 创建螺纹

选择"螺纹"命令，弹出"螺纹"对话框，将"螺纹类型"设置为"详细"，选择圆柱外表面，将"小径"设置为"17.5"，将"长度"设置为"70"，将"螺距"设置为"1.5"，将"角度"设置为"60"，将"旋转"设置为"右旋"，单击"确定"按钮，如图 3-7 所示。

图 3-7　创建螺纹

8. 创建边倒圆

选择"边倒圆"命令，弹出"边倒圆"对话框，将"形状"设置为"圆形"，将"半径"设置为"3"，点选相应的实体边界，单击"确定"按钮，如图 3-8 所示。

9. 创建孔

选择"孔"命令，弹出"孔"对话框，将"类型"设置为"常规孔"，将"指定点"设置为螺栓头上表面中心点，将"孔方向"设置为"垂直于面"，将"成形"设置为"简单"，将"直径"设置为"17"，将"深度"设置为"10"，将"顶锥角"设置为"120"，将"布尔"设置为"求差"，单击"确定"按钮，如图 3-9 所示。

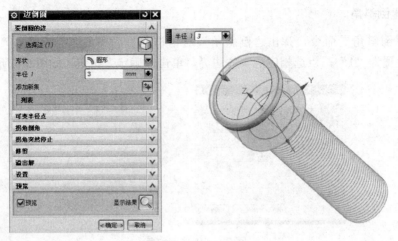

图 3-8　创建边倒圆

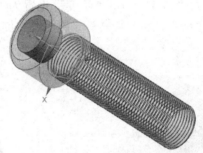

图 3-9　创建孔

10. 绘制草图

选择"插入"｜"任务环境中的草图"菜单命令，然后选择螺栓头上表面作为草绘平面，单击"确定"按钮，进入草绘环境，绘制草图，如图 3-10 所示。

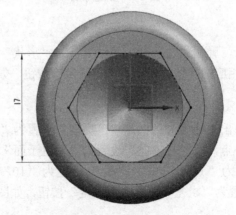

图 3-10　绘制六边形

11. 创建拉伸

选择"拉伸"命令，弹出"拉伸"对话框，将"选择曲线"设置为上一步绘制的草图，将开始值"距离"设置为"0"，将结束值"距离"设置为"10"，将"布尔"设置为"求差"，单击"确定"按钮，如图 3-11 所示。

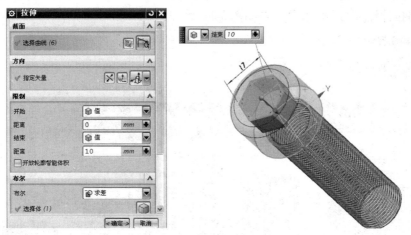

图 3-11 创建拉伸体

12. 保存文件

隐藏基准和草图，并保存文件，完成内六角螺栓零件的建模，如图 3-12 所示。

图 3-12 内六角螺栓零件三维实体图

【知识点引入】

完成内六角螺栓零件三维建模需要掌握以下知识。

1. 拉伸

拉伸是将草图对象沿指定方向拉伸到某一指定的位置而形成的实体或片体。

选择"插入"|"设计特征"|"拉伸"命令，弹出"拉伸"对话框，具体操作步骤如下。

(1) 选择拉伸截面草图曲线。

(2) 指定拉伸的矢量方向。

(3) 设置拉伸开始的距离值，包括值、对称值、直到下一个、直到选定、直到延伸部分、贯通等。

(4) 设置拉伸结束的距离值，包括值、对称值、直到下一个、直到选定、直到延伸部分、贯通等。

(5) 设置拉伸布尔运算方法，包括无、求交、求差、求和等。

(6) 设置拔模操作的类型与角度，包括无、从起始限制、从截面、从截面-不对称角、从截面-对称角、从截面匹配的终止处等。

(7) 设置偏置方式，包括单侧、两侧、对称等。

(8) 将拉伸设置为实体或片体，如图 3-13 所示。

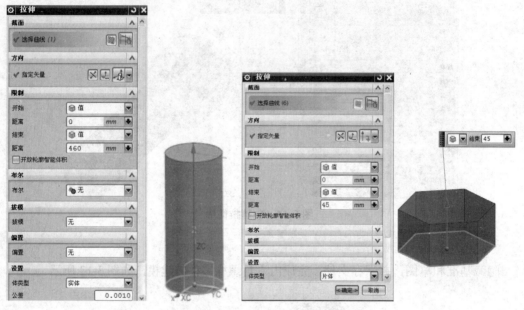

图 3-13　"拉伸"对话框

2. 倒斜角

倒斜角是对面之间的锐边进行倒斜角，类型包括对称、非对称、偏置和角度三种方式。下面做详细的介绍。

1) 对称

选择"插入" | "细节特征" | "倒斜角"命令，弹出"倒斜角"对话框，将"横截面"设置为"对称"，将"距离"设置为"10"，并选择相应的实体边界，如图 3-14 所示。

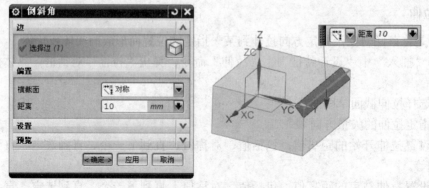

图 3-14　对称倒斜角

2) 非对称

选择"插入"｜"细节特征"｜"倒斜角"命令，弹出"倒斜角"对话框，将"横截面"设置为"非对称"，将"距离 1"设置为"20"，将"距离 2"设置为"10"，并选择相应的实体边界，如图 3-15 所示。

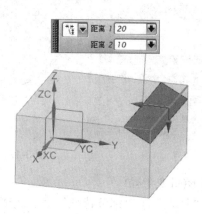

图 3-15　非对称倒斜角

3) 偏置和角度

选择"插入"｜"细节特征"｜"倒斜角"命令，弹出"倒斜角"对话框，将"横截面"设置为"偏置和角度"，将"距离"设置为"20"，将"角度"设置为"30"，并选择相应的实体边界，如图 3-16 所示。

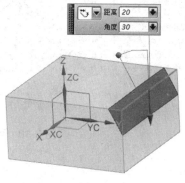

图 3-16　偏置和角度倒斜角

3. 边倒圆

边倒圆是对面之间的锐边进行倒圆，半径可以是常数或变量。其类型包括圆形、二次曲线两种。二次曲线一般情况不用，这里不做介绍，下面主要介绍创建圆形边倒圆的方法。

1) 圆形(等半径)

选择"插入"｜"细节特征"｜"边倒圆"命令，弹出"边倒圆"对话框，选择需要倒圆角的实体边界，将"形状"设置为"圆形"，将"半径 1"设置为"12"，如图 3-17 所示。

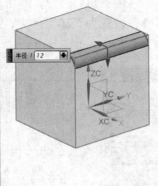

图 3-17　等半径圆角

2) 圆形(可变半径)

选择"插入"｜"细节特征"｜"边倒圆"命令，弹出"边倒圆"对话框，选择需要倒圆角的实体边界，将"形状"设置为"圆形"，在"可变半径点"栏中，分别添加指定新的位置点，并依次将"半径"设置为"10""16""20"，如图 3-18 所示。

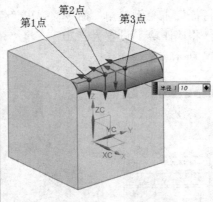

图 3-18　可变半径圆角

4. 螺纹

螺纹特征只能在圆柱面上创建，其类型包括符号和详细两种方式。符号螺纹，按照制图标准规定创建螺纹；详细螺纹，创建真实感的螺纹。

1) 符号螺纹

选择"插入"｜"设计特征"｜"螺纹"菜单命令，弹出"螺纹"对话框，在"螺纹类型"选项组中选中"符号"单选按钮，在视图区中选择圆柱体外表面为放置面。也可以勾选"手工输入"复选框，设置螺纹的参数，单击"确定"按钮，如图 3-19 所示。

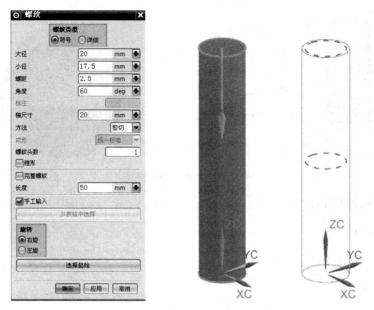

图 3-19　符号螺纹

2) 详细螺纹

选择"插入"｜"设计特征"｜"螺纹"命令，弹出"螺纹"对话框，在"螺纹类型"选项组中选中"详细"单选按钮，在视图区选择放置面为圆柱体外表面，设置螺纹的参数，单击"确定"按钮，如图 3-20 所示。

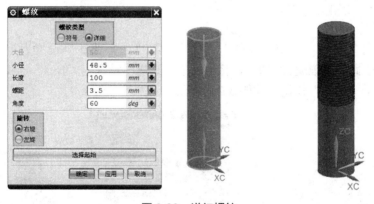

图 3-20　详细螺纹

3.2　六角螺母的建模

【学习目标】

通过本项目的学习，熟练掌握拉伸、回转、倒斜角、螺纹等命令的应用与操作方法。

【学习重点】

综合运用各种命令完成六角螺母零件的三维建模，如图 3-21 所示。

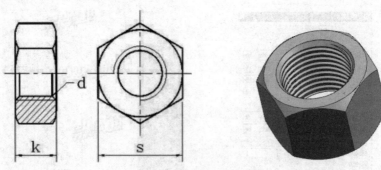

图 3-21　六角螺母零件图

M16 六角螺母基本结构尺寸为：d=16mm，k=16.4mm，s=24mm，p=1.5mm。

【建模步骤】

六角螺母零件三维建模过程如下。

1. 新建文件

启动 UG NX 8.5 软件，新建部件文件 liujiaoluomu.prt，再选择"开始"菜单中的"建模"命令，进入 UG NX 8.5 建模模块界面。

2. 绘制六边形草图

选择"插入"｜"任务环境中的草图"菜单命令，然后选择 XC-YC 基准平面，单击"确定"按钮，进入草绘环境，绘制草图，如图 3-22 所示。

3. 创建拉伸

选择"拉伸"命令，弹出"拉伸"对话框，将"选择曲线"设置为上一步绘制的草图，将开始值"距离"设置为"0"，将结束值"距离"设置为"16.4"，将"布尔"设置为"无"，单击"确定"按钮，如图 3-23 所示。

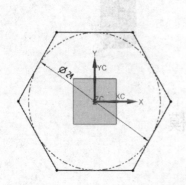

图 3-22　绘制六边形草图

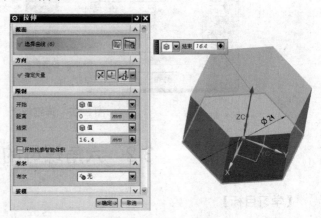

图 3-23　创建拉伸体

4. 绘制草图

选择"插入"｜"任务环境中的草图"菜单命令，然后选择 XC-ZC 基准平面，单击

"确定"按钮,进入草绘环境,绘制草图,如图 3-24 所示。

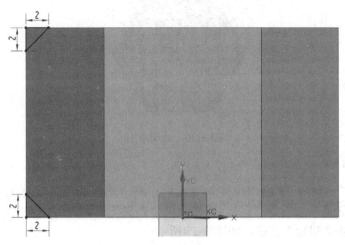

图 3-24　绘制草图

5. 创建回转

选择"回转"命令,弹出"回转"对话框,将"选择曲线"设置为上一步绘制的草图,将"指定矢量"设置为 ZC 轴方向,将"指定点"设置为(0,0,0),将开始值"角度"设置为"0",将结束值"角度"设置为"360",将"布尔"设置为"求差",单击"确定"按钮,如图 3-25 所示。

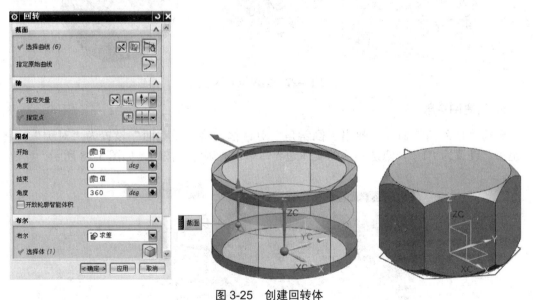

图 3-25　创建回转体

6. 绘制草图

选择"插入"|"任务环境中的草图"菜单命令,然后选择 XC-YC 基准平面,单击"确定"按钮,进入草绘环境,绘制草图,如图 3-26 所示。

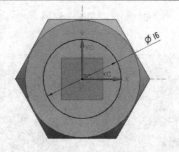

图 3-26　绘制草图

7. 创建拉伸

选择"拉伸"命令，弹出"拉伸"对话框，将"选择曲线"设置为上一步绘制的草图，将开始值"距离"设置为"0"，将结束值"距离"设置为"16.4"，将"布尔"设置为"求差"，单击"确定"按钮，如图 3-27 所示。

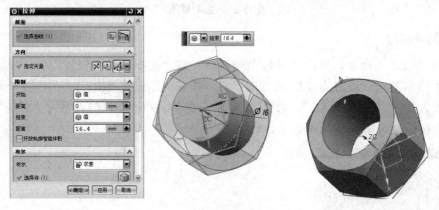

图 3-27　创建拉伸体

8. 创建倒斜角

选择"倒斜角"命令，弹出"倒斜角"对话框，将"横截面"设置为"对称"，将"距离"设置为"1"，点选相应的实体边界，单击"确定"按钮，如图 3-28 所示。

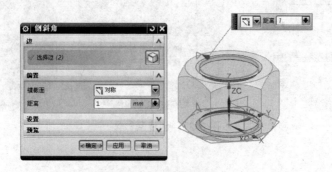

图 3-28　创建倒斜角

9. 创建螺纹

选择"螺纹"菜单命令，弹出"螺纹"对话框，将"螺纹类型"设置为"详细"，选择螺母内表面，将"大径"设置为"17"，将"长度"设置为"20"，将"螺距"设置为"1.5"，将"角度"设置为"60"，将"旋转"设置为"右旋"，单击"确定"按钮，如图 3-29 所示。

10. 保存文件

隐藏基准和草图，并保存文件，完成六角螺母零件的建模，如图 3-30 所示。

 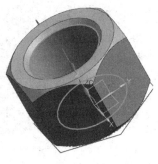 

图 3-29　创建螺纹

图 3-30　六角螺母零件三维实体图

【知识点引入】

完成六角螺母零件三维建模需要掌握以下知识。

1. 回转

回转是将草图对象绕指定的轴线方向和指定点旋转一定的角度而形成的实体或片体。

选择"插入"｜"设计特征"｜"回转"命令，弹出"回转"对话框，具体操作步骤如下。

(1) 选择要回转的曲线。

(2) 指定矢量作为回转轴。

(3) 指定点作为回转中心

(4) 设置回转的起始角度。

(5) 设置回转的结束角度。

(6) 选择布尔运算方法为无、求和、求差、求交。

(7) 设置偏置为无或两侧。

(8) 设置体类型为实体或片体，如图 3-31 所示。

2. 组合

组合是用于确定当前创建的实体与原有实体的关系。其类型包括创建、求和、求差、求交四种方式，下面做详细的介绍。

(1) 创建：创建一个新的独立实体，如图 3-32 所示。

(2) 求和：将两个或多个实体的体积合并为单个实体，如图 3-33 所示。

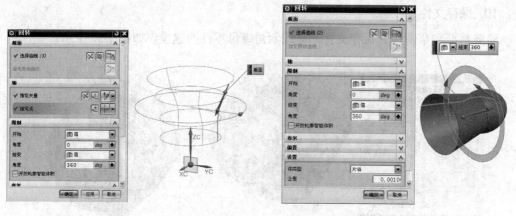

图 3-31 "回转"对话框

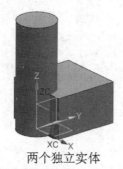

两个独立实体

图 3-32 独立实体

求和

图 3-33 布尔求和

(3) 求差：从一个实体中减去另一个实体的体积，留下一个空体，如图 3-34 所示。

(4) 求交：创建一个实体，它包含两个不同体的共同体积，如图 3-35 所示。

求差

图 3-34 布尔求差

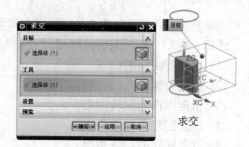

求交

图 3-35 布尔求交

3. 偏置

偏置用于偏置曲线链，其类型包括距离、拔模、规律控制和 3D 轴向四种方式。下面主要介绍距离类型的偏置方法。

选择"插入"｜"来自曲线集的曲线"｜"偏置"命令，弹出"偏置曲线"对话框，选择需要偏置的曲线，将"偏置"选项组中的"距离"设置为"10"，单击"确定"按钮，如图 3-36 所示。

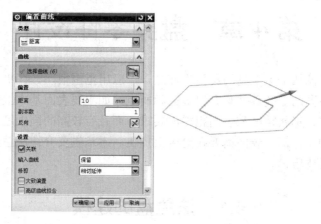

图 3-36　"偏置曲线"对话框

本 章 小 结

通过本章的学习，读者重点掌握 UG NX 8.5 软件以下命令的操作：拉伸、倒斜角、边倒圆、孔、螺纹、回转、组合、偏置，并熟练综合运用这些命令完成产品的三维建模。

技能实战训练题

试根据图 3-37 和图 3-38 所示零件图的尺寸要求，完成三维实体建模。

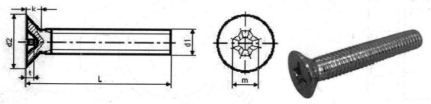

d1=M10，d2=18mm，P=1.5mm，k=5mm，t=2.5mm，L=50mm，m=12mm

图 3-37　螺钉 1

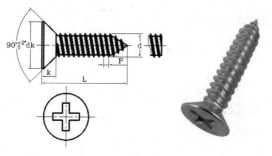

d=M8　　dk=15.8mm，k=4.65mm，P=2.1mm，L=40mm

图 3-38　螺钉 2

第4章　盘类零件设计

盘类零件是机械加工中常见的典型零件之一，应用范围很广，在机械设备中主要起支承和连接作用。不同的盘类零件具有很多的相同点，如主要表面基本上都是圆柱形的，都有较高的尺寸精度、形状精度和表面粗糙度要求，而且有较高的同轴度要求等。盘类零件主要是在车床上加工，部分表面需要在磨床上加工。本章主要介绍法兰盘和泵盖零件建模的一般方法与应用技巧。

4.1　法兰盘的建模

【学习目标】

通过本项目的学习，熟练掌握圆柱体、槽、孔、阵列特征、拉伸、倒斜角等命令的应用与操作方法。

【学习重点】

综合运用各种命令完成法兰盘零件的三维建模，如图 4-1 所示。

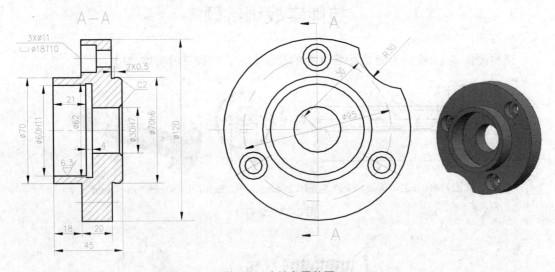

图 4-1　法兰盘零件图

【建模步骤】

法兰盘零件三维建模过程如下。

1. 新建文件

启动 UG NX 8.5 软件，新建部件文件 falanpan.prt，再选择 "开始"菜单中的"建模"命令，进入 UG NX 8.5 建模模块界面。

2. 创建圆柱体

(1) 选择"圆柱体"命令，弹出"圆柱"对话框，将"类型"设置为"轴、直径和高度"，将"指定矢量"设置为 ZC 轴方向，将"指定点"设置为(0 0 0)，将"直径"设置为"70"，将"高度"设置为"45"，将"布尔"设置为"无"，单击"确定"按钮，如图 4-2 所示。

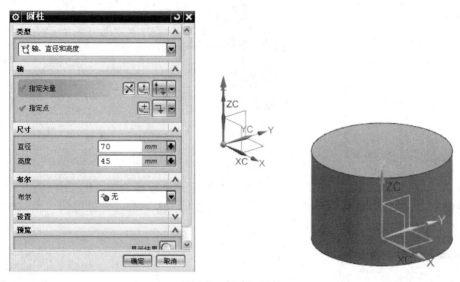

图 4-2　创建圆柱体

(2) 同理，创建圆柱体特征，参数设置如图 4-3 所示。

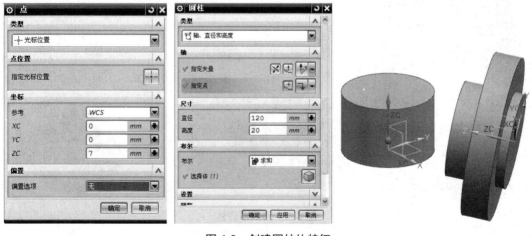

图 4-3　创建圆柱体特征

3. 绘制草图

选择"插入"｜"任务环境中的草图"菜单命令，然后选择 YC-ZC 基准平面，单击"确定"按钮，进入草绘环境，绘制草图，如图 4-4 所示。

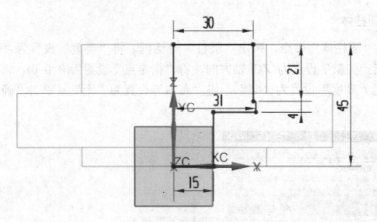

图 4-4　绘制草图

4. 创建回转

选择"回转"命令，弹出"回转"对话框，将"选择曲线"设置为上一步绘制的草图，将"指定矢量"设置为 ZC 轴方向，将"指定点"设置为(0，0，0)，将开始值"角度"设置为"0"，将结束值"角度"设置为"360"，将"布尔"设置为"求差"，单击"确定"按钮，如图 4-5 所示。

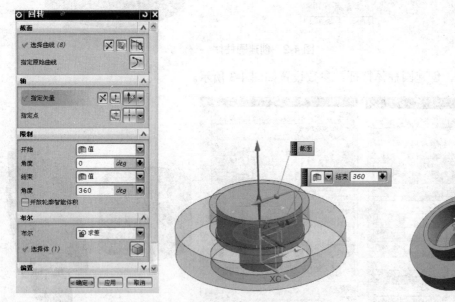

图 4-5　创建回转体

5. 创建沉头孔

选择"孔"命令，弹出"孔"对话框，将"类型"设置为"常规孔"，将"指定点"设置为"绘制截面"，然后选择 ϕ120 圆柱体上表面作为草绘平面，单击"确定"按钮，进入草绘环境，绘制一个点，如图 4-6 所示。退出草图，将"孔方向"设置为"垂直于面"，将"成形"设置为"沉头"，将"沉头直径"设置为"18"，将"沉头深度"设置为"10"，将"直径"设置为"11"，将"深度限制"设置为"贯通体"，将"布尔"设置为"求差"，单击"确定"按钮，如图 4-7 所示。

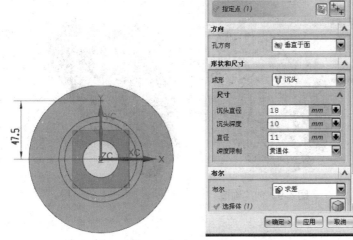

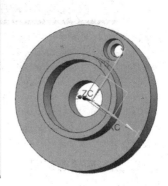

图 4-6　绘制点　　　　　　　　　　　　图 4-7　创建沉头孔

6. 阵列特征

选择"插入"｜"关联复制"｜"阵列特征"命令，弹出"阵列特征"对话框，将"选择特征"设置为上一步创建的沉头孔特征，将"布局"设置为"圆形"，将"指定矢量"设置为 ZC 轴方向，将"指定点"设置为(0，0，0)，将"间距"设置为"数量和节距"，将"数量"设置为"3"，将"节距角"设置为"120"，单击"确定"按钮，如图 4-8 所示。

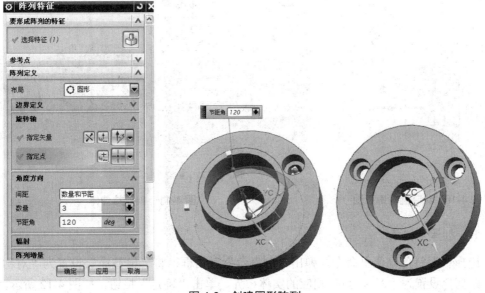

图 4-8　创建圆形阵列

7. 创建沟槽

选择"槽"｜"矩形"命令，单击"确定"按钮，选择放置的圆柱面，在"矩形槽"对话框中，将"槽直径"设置为"69"，将"宽度"设置为"2"，单击"确定"按钮，为槽定位后，再单击"确定"按钮，如图 4-9 所示。

图 4-9　创建沟槽

8. 绘制圆轮廓草图

选择"插入"｜"任务环境中的草图"菜单命令，然后选择 XC-YC 基准平面，单击"确定"按钮，进入草绘环境，绘制草图，如图 4-10 所示。

9. 创建拉伸

选择"拉伸"命令，弹出"拉伸"对话框，将"选择曲线"设置为上一步绘制的草图，将开始值"距离"设置为"0"，将结束值"距离"设置为"30"，将"布尔"设置为"求差"，单击"确定"按钮，如图 4-11 所示。

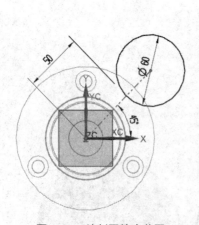

图 4-10　绘制圆轮廓草图

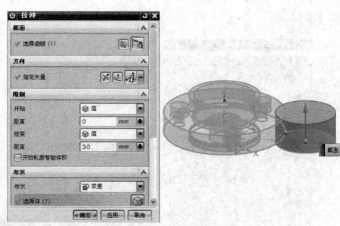

图 4-11　创建拉伸体

10. 创建倒斜角

选择"倒斜角"菜单命令，弹出"倒斜角"对话框，将"横截面"设置为"对称"，将"距离"设置为"2"，点选相应的实体边界，单击"确定"按钮，如图 4-12 所示。

11. 保存文件

隐藏基准，并保存文件，完成法兰盘零件的建模，如图 4-13 所示。

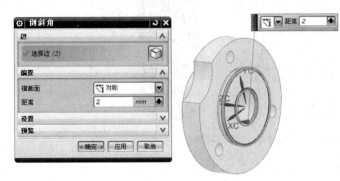

图 4-12　创建倒斜角　　　　　　　图 4-13　法兰盘零件三维实体图

【知识点引入】

完成法兰盘零件三维建模需要掌握以下知识。

1. 圆柱体

通过定义轴位置和尺寸来创建圆柱体，其类型包括轴、直径和高度，以及圆弧和高度两种方式。下面分别做详细介绍。

1) 轴、直径和高度

选择"插入"｜"设计特征"｜"圆柱体"命令，弹出"圆柱"对话框，将"类型"设置为"轴、直径和高度"，指定圆柱体的矢量方向和底面圆的中心位置，再设置其直径和高度。如将"直径"设置为"40"，将"高度"设置为"100"，如图 4-14 所示。

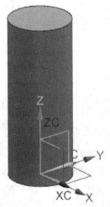

图 4-14　"圆柱"对话框中的"轴、直径和高度"类型

2) 圆弧和高度

选择"插入"｜"设计特征"｜"圆柱体"命令，弹出"圆柱"对话框，将"类型"设置为"圆弧和高度"，选择圆弧曲线，再指定矢量方向和高度尺寸，如将"高度"设置为"100"，如图 4-15 所示。

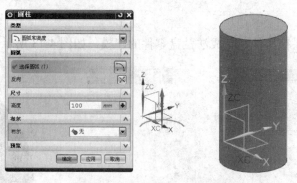

图 4-15　"圆柱"对话框中的"圆弧和高度"类型

2. 阵列特征

阵列特征是将特征复制到许多阵列或布局中，并设置对应阵列边界、实例方位、旋转和变化的各种选项。其类型包括线性、圆形、多边形、螺旋线、沿、常规、参考七种方式，下面重点介绍线性和圆形方式的创建方法。

1) 线性阵列

选择"插入"｜"关联复制"｜"阵列特征"命令，弹出"阵列特征"对话框，将"选择特征"设置为"小圆柱体"，将"布局"设置为"线性"，将"方向 1"选项组中的"指定矢量"设置为沿 YC 轴方向，将"间距"设置为"数量和节距"，将"数量"设置为"6"，将"节距"设置为"15"；将"方向 2"选项组中的"指定矢量"设置为沿 XC 轴方向，将"间距"设置为"数量和节距"，将"数量"设置为"5"，将"节距"设置为"20"，单击"确定"按钮，如图 4-16 所示。

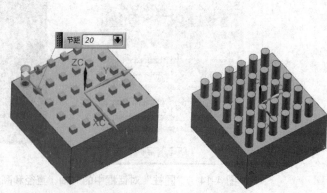

图 4-16　线性阵列

2) 圆形阵列

选择"插入"｜"关联复制"｜"阵列特征"命令，弹出"阵列特征"对话框，将"选择特征"设置为"小圆柱体"，将"布局"设置为"圆形"，将"指定矢量"设置为 ZC 轴方向，将"指定点"设置为(0，0，0)，将"间距"设置为"数量和节距"，将"数量"设置为"20"，将"节距角"设置为"18"，单击"确定"按钮，如图 4-17 所示。

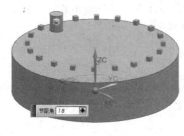

图 4-17　圆形阵列

4.2　泵盖的建模

【学习目标】

通过本项目的学习，熟练掌握拉伸、回转、孔、镜像特征、边倒圆等命令的应用与操作方法。

【学习重点】

综合运用各种命令完成泵盖零件的三维建模，如图 4-18 所示。

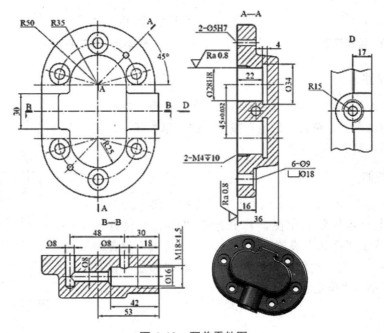

图 4-18　泵盖零件图

【建模步骤】

泵盖零件三维建模过程如下。

1. 新建文件

启动 UG NX 8.5 软件，新建部件文件 benggai.prt，再选择"开始"菜单中的"建模"命令，进入 UG NX 8.5 建模模块界面。

2. 绘制草图

选择"插入"｜"任务环境中的草图"菜单命令，然后选择 XC-YC 基准平面，单击"确定"按钮，进入草绘环境，绘制草图，如图 4-19 所示。

3. 创建拉伸

选择"拉伸"命令，弹出"拉伸"对话框，将"选择曲线"设置为上一步绘制的草图，将开始值"距离"设置为"0"，将结束值"距离"设置为"16"，将"布尔"设置为"无"，单击"确定"按钮，如图 4-20 所示。

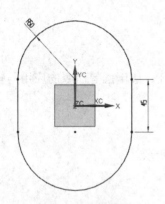

图 4-19　绘制草图

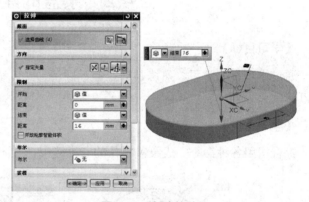

图 4-20　创建拉伸体

4. 绘制草图

选择"插入"｜"任务环境中的草图"菜单命令，然后选择 XC-YC 基准平面，单击"确定"按钮，进入草绘环境，绘制草图，如图 4-21 所示。

5. 创建拉伸

选择"拉伸"命令，弹出"拉伸"对话框，将"选择曲线"设置为上一步绘制的草图，将开始值"距离"设置为"0"，将结束值"距离"设置为"20"，将"拔模"设置为"从起始限制"，将"角度"设置为"1"，将"布尔"设置为"求和"，单击"确定"按钮，如图 4-22 所示。

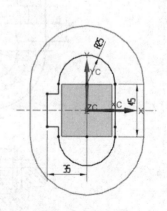

图 4-21　绘制草图

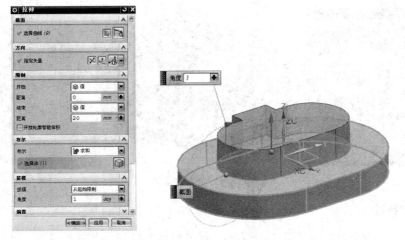

图 4-22　创建头部拉伸体

6. 创建沉头孔

选择"孔"命令，弹出"孔"对话框，将"类型"设置为"常规孔"，将"指定点"设置为绘制截面，选择第 3 步拉伸特征上表面作为草绘平面，进入草绘环境，绘制三个点，如图 4-23 所示。退出草图，将"成形"设置为"沉头"，将"沉头直径"设置为"18"，将"沉头深度"设置为"5.3"，将"直径"设置为"9"，将"深度限制"设置为"贯通体"，将"布尔"设置为"求差"，如图 4-24 所示。

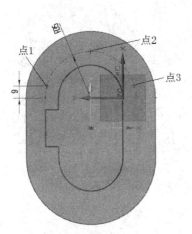

图 4-23　绘制点

图 4-24　创建沉头孔

7. 镜像特征

选择"镜像特征"命令，将"选择特征"设置为沉头孔，将"镜像平面"选项组中的"选择平面"设置为 XC-ZC 基准平面，单击"确定"按钮，如图 4-25 所示。

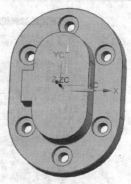

图 4-25　镜像沉头孔

8. 创建销孔

选择"孔"命令，弹出"孔"对话框，将"类型"设置为"常规孔"，将"指定点"设置为绘制截面，选择第 3 步拉伸特征上表面作为草绘平面，进入草绘环境，绘制两个点，如图 4-26 所示。退出草图，将"成形"设置为"简单"，将"直径"设置为"5"，将"深度限制"设置为"贯通体"，将"布尔"设置为"求差"，如图 4-27 所示。

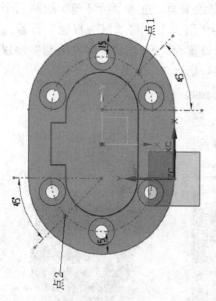

图 4-26　绘制点

图 4-27　创建销孔

9. 绘制草图

选择"插入"|"任务环境中的草图"菜单命令，然后选择 YC-ZC 基准平面，单击"确定"按钮，进入草绘环境，绘制草图，如图 4-28 所示。

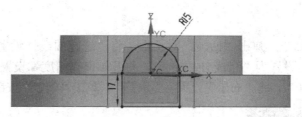

图 4-28　绘制草图

10. 创建拉伸

选择"拉伸"命令，弹出"拉伸"对话框，将"选择曲线"设置为上一步绘制的草图，将开始值"距离"设置为"0"，将结束值"距离"设置为"53"，将"布尔"设置为"求和"，单击"确定"按钮，如图 4-29 所示。

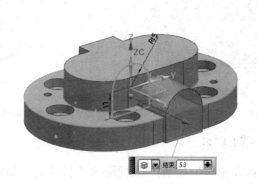

图 4-29　创建拉伸体

11. 绘制草图

选择"插入"｜"任务环境中的草图"菜单命令，然后选择 XC-ZC 基准平面，单击"确定"按钮，进入草绘环境，绘制草图，如图 4-30 所示。

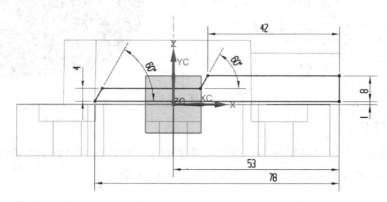

图 4-30　绘制草图

12. 创建回转

选择"回转"命令，弹出"回转"对话框，将"选择曲线"设置为上一步绘制的草图，将"指定矢量"设置为"直线 1 方向"，将开始值"角度"设置为"0"，将结束值"角度"设置为"360"，将"布尔"设置为"求差"，单击"确定"按钮，如图4-31所示。

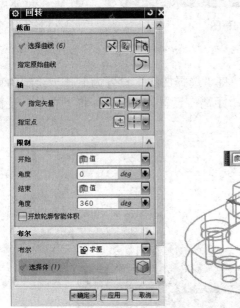

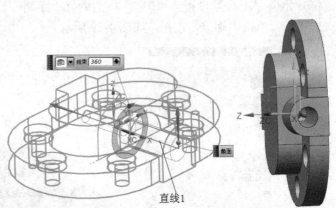

图 4-31　创建回转体

13. 移动坐标系

移动 WCS(工作坐标系)至底面圆 R50 圆心处，如图4-32所示。

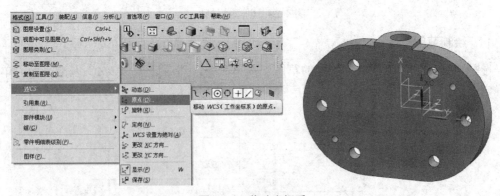

图 4-32　移动坐标系

14. 绘制草图

选择"插入"｜"任务环境中的草图"菜单命令，然后选择 YC-ZC 基准平面，单击"确定"按钮，进入草绘环境，绘制草图，如图4-33所示。

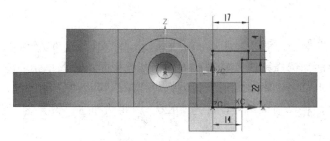

图 4-33　绘制草图

15. 创建回转

选择"回转"命令，弹出"回转"对话框，将"选择曲线"设置为上一步绘制的草图，将"指定矢量"设置为"直线 2 方向"，将开始值"角度"设置为"0"，将结束值"角度"设置为"360"，将"布尔"设置为"求差"，单击"确定"按钮，如图 4-34 所示。

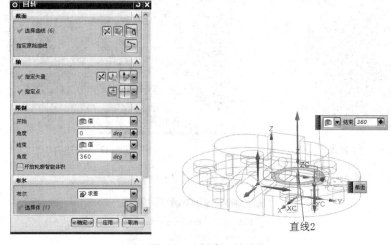

图 4-34　创建回转体

16. 镜像特征

选择"镜像特征"命令，选择特征为上一步创建的特征，镜像平面为 XC-ZC 基准平面，单击"确定"按钮，如图 4-35 所示。

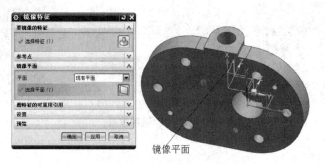

图 4-35　镜像特征

17. 创建孔

(1) 选择"孔"命令，弹出"孔"对话框，将"类型"设置为"常规孔"，将"指定点"设置为绘制截面，选择第 3 步特征底面作为草绘平面，进入草绘环境，绘制两个点，如图 4-36 所示，退出草图，将"成形"设置为"简单"，将"直径"设置为"8"，将"深度"设置为"28"，将"顶锥角"设置为"120"，将"布尔"设置为"求差"，如图 4-37 所示。

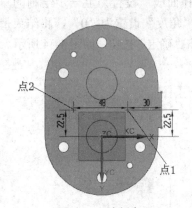

图 4-36 绘制点

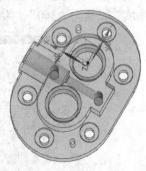

图 4-37 创建孔

(2) 同理，创建 M4 螺纹孔，参数设置如图 4-38 所示。

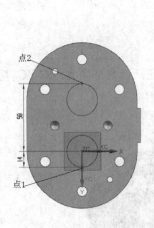

图 4-38 创建螺纹孔

18. 创建边倒圆

选择"边倒圆"命令，弹出"边倒圆"对话框，将"形状"设置为"圆形"，将"半径"设置为"3"，点选相应的实体边界，单击"确定"按钮，如图 4-39 所示。

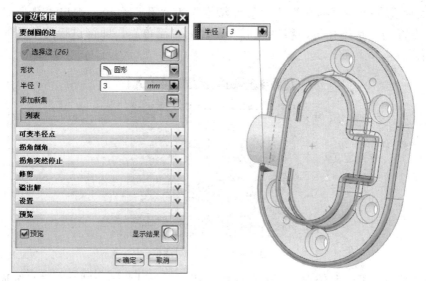

图 4-39　创建边倒圆

19. 保存文件

隐藏基准，并保存文件，完成泵盖零件的建模，如图 4-40 所示。

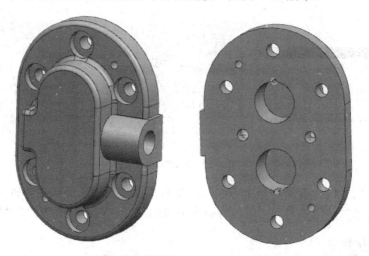

图 4-40　泵盖零件三维实体图

【知识点引入】

完成泵盖零件三维建模需要掌握以下知识。

1. 孔

孔通过沉头孔、埋头孔和螺纹孔选项向部件或装配中的一个或多个实体添加孔，其类型包括常规孔、钻形孔、螺钉间隙孔、螺纹孔、孔系列五种方式。下面分别介绍各种类型孔的创建方法。

1) 常规孔

常规孔可完成简单孔、沉头孔、埋头孔、锥形孔的创建。

(1) 简单孔。选择"插入"|"设计特征"|"孔"命令，弹出"孔"对话框，将"类型"设置为"常规孔"，将"成形"设置为"简单"，即可进行简单孔的创建，如图 4-41 所示。

图 4-41 "孔"对话框

选择孔放置平面，系统自动进入草图绘制环境。通过草图绘制命令进行图形或点的绘制，并利用草图工具中的约束命令对所绘图形或点进行约束定位，如图 4-42 所示。

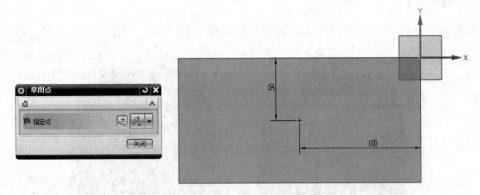

图 4-42 绘制孔中心点

要指定孔的方向，有两种指定方法："垂直于面"适用于孔的中心轴线垂直于孔放置平面；"沿矢量"适用于对孔的轴线方向有要求的场合。两种孔的方向如图 4-43 所示。

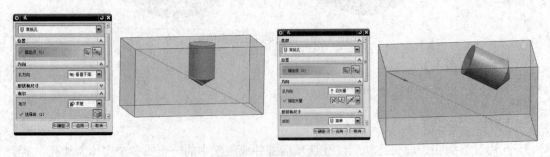

图 4-43 指定孔的方向

要进行尺寸设置，可在选项栏中输入孔的"直径""深度"和"顶锥角"。需要注意的是孔的"深度"不包括顶锥角长度，"深度限制"可用四种方法来指定孔的深度，如图 4-44 所示。

图 4-44　设置孔参数

"值"选项可直接指定孔深度，深度起点从孔放置平面起，方向为沿孔放置平面法线的方向。"直至选定"选项可通过指定一个平面来确定孔深。"直至下一个"选项可使孔在沿孔深方向的深度自动终止于所遇到的第一个平面。"贯通体"选项用来创建通孔。

"布尔"运算选择"求差"选项，按图纸要求设置完孔参数后可以进行孔的预览。确认无误后单击"确定"按钮完成孔的创建，如图 4-45 所示。

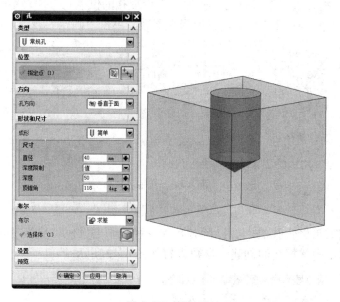

图 4-45　简单孔

(2) 沉头孔。将"成形"设置为"沉头"，沉头孔的位置、方向指定同简单孔，沉头孔尺寸需要设置沉头的直径和深度。按图纸尺寸要求设置沉头孔参数，单击"确定"按钮，如图 4-46 所示。

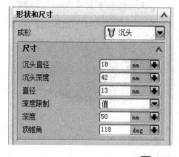
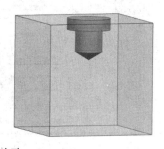

图 4-46　沉头孔

(3) 埋头孔。将"成形"设置为"埋头"，埋头孔的位置、方向指定同简单孔，埋头孔尺寸需设置埋头的直径和角度。按图纸尺寸要求设置埋头孔参数，单击"确定"按钮，如图 4-47 所示。

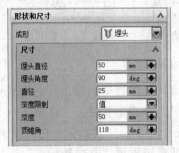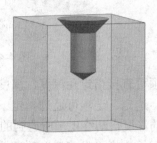

图 4-47　埋头孔

(4) 锥形孔。将"成形"设置为"锥形"，锥形孔的位置、方向指定同简单孔。锥形孔尺寸需设置锥角。按图纸尺寸要求设置锥形孔参数，单击"确定"按钮，如图 4-48 所示。

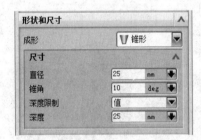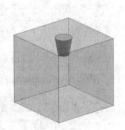

图 4-48　锥形孔

2) 钻形孔

钻形孔可完成带倒角孔的创建，此时孔的直径大小需按照钻头直径选取，不能随意指定。其他参数指定同常规孔的创建，参数设置如图 4-49 所示。

图 4-49　钻形孔

3) 螺钉间隙孔

可根据指定的螺钉尺寸及配合类型自动创建螺钉间隙孔。其他参数指定同常规孔的创建，参数设置如图 4-50 所示。

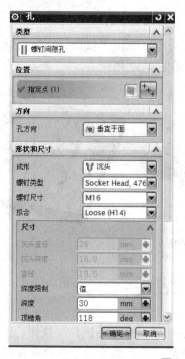
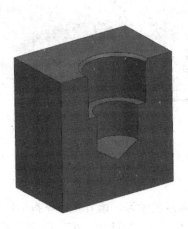

图 4-50　螺钉间隙孔

4) 螺纹孔

螺纹孔创建中的"螺纹尺寸"按系统提供的标准进行选取，不能自行指定。其他参数指定同常规孔的创建，参数设置如图 4-51 所示。

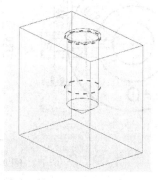

图 4-51　螺纹孔

5) 孔系列

根据所选的螺纹孔大小，在一系列板上创建螺纹过孔，创建方法同常规孔。

2. 镜像特征

镜像特征是根据平面进行镜像。

选择"插入" | "关联复制" | "镜像特征"命令，弹出"镜像特征"对话框，分别选择镜像的特征和镜像平面，单击"确定"按钮，如图 4-52 所示。

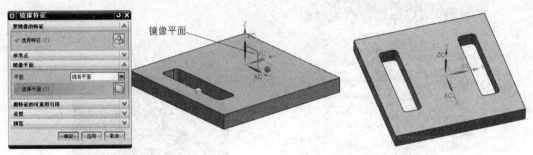

图 4-52　镜像特征

本 章 小 结

通过本章的学习，读者重点掌握 UG NX 8.5 软件以下命令的操作：拉伸、回转、倒斜角、边倒圆、孔、圆柱体、槽、阵列特征、镜像特征，并熟练运用这些命令完成产品的三维建模。

技能实战训练题

试根据图 4-53～图 4-55 所示零件图的尺寸要求，完成三维实体建模。

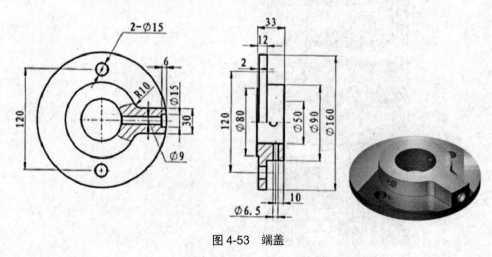

图 4-53　端盖

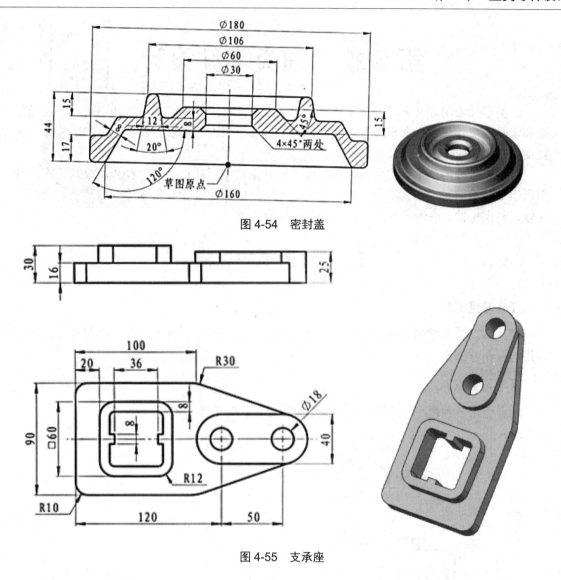

图 4-54　密封盖

图 4-55　支承座

第 5 章　轴类零件设计

轴类零件使用非常普遍，几乎所有的机器都需要，主要用来支承传动零部件，传递扭矩和承受载荷作用。径向尺寸要求高，部分零件要求表面粗糙度。轴类零件加工简单，主要使用车床完成，数控车大部分零件使用手工编程即可。

各轴类零件的基本结构类似，由同心轴的外圆柱面、圆锥面、内孔和螺纹及相应的端面所组成。按照结构形式不同，可分为光轴、阶梯轴、空心轴和曲轴等。本章主要介绍阶梯轴、斜齿轮轴、曲轴零件建模的一般方法与应用技巧。

5.1　阶梯轴的建模

【学习目标】

通过本项目的学习，熟练掌握圆柱体、凸台、槽、键槽、基准平面、倒斜角等命令的应用与操作方法。

【学习重点】

综合运用各种命令完成阶梯轴零件的三维建模，如图 5-1 所示。

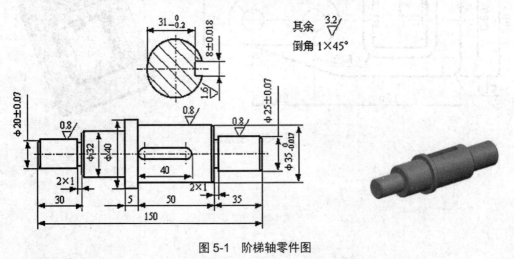

图 5-1　阶梯轴零件图

【建模步骤】

阶梯轴零件三维建模过程如下。

1. 新建文件

启动 UG NX 8.5 软件，新建部件文件 jietizhou.prt，再选择"开始"菜单中的"建模"命令，进入 UG NX 8.5 建模模块界面。

2. 创建圆柱体

选择"圆柱体"命令，弹出"圆柱"对话框，将"类型"设置为"轴、直径和高度"，将"指定矢量"设置为 YC 轴方向，将"指定点"设置为(0，0，0)，将"直径"设置为"20"，将"高度"设置为"30"，将"布尔"设置为"无"，单击"确定"按钮，如图 5-2 所示。

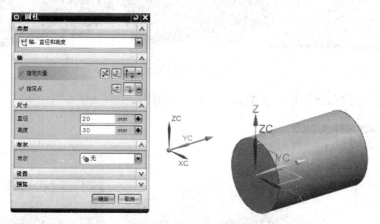

图 5-2　创建圆柱体

3. 创建凸台

(1) 选择"凸台"命令，弹出"凸台"对话框，将"直径"设置为"32"，将"高度"设置为"30"，然后选择放置的平面，单击"确定"按钮，弹出"定位"对话框，选择"点落在点上"定位方式，为凸台定位，如图 5-3 所示。

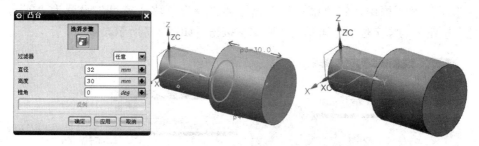

图 5-3　创建凸台

(2) 同理，创建凸台特征，参数设置如图 5-4 所示。

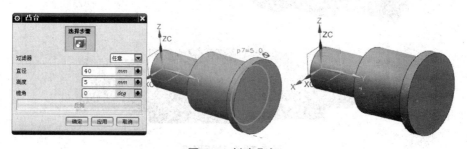

图 5-4　创建凸台

(3) 同理，创建凸台特征，参数设置如图 5-5 所示。

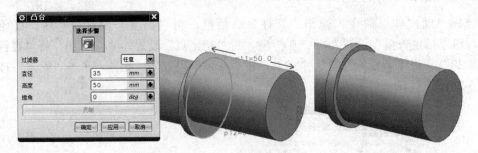

图 5-5 创建凸台

(4) 同理，创建凸台特征，参数设置如图 5-6 所示。

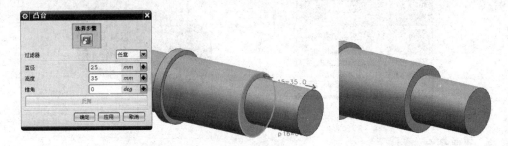

图 5-6 创建凸台

4. 创建沟槽

(1) 选择"槽"命令，选择"矩形"选项，单击"确定"按钮，选择放置的圆柱面，在"矩形槽"对话框中，将"槽直径"设置为"18"，将"宽度"设置为"2"，单击"确定"按钮，为槽定位后，再单击"确定"按钮，如图 5-7 所示。

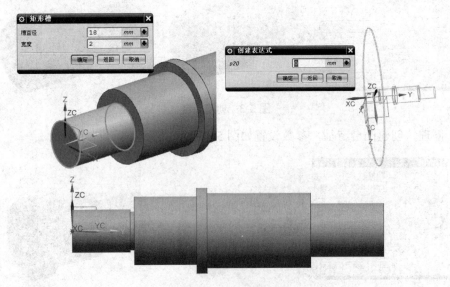

图 5-7 创建矩形槽

(2) 同理，创建矩形槽，参数设置如图 5-8 所示。

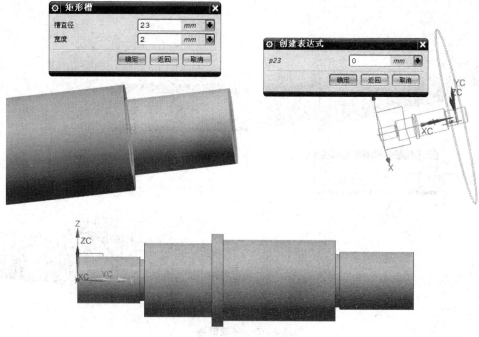

图 5-8　创建矩形槽

5. 创建基准平面

选择"插入"｜"基准/点"｜"基准平面"菜单命令，创建一个基准平面，如图 5-9 所示。

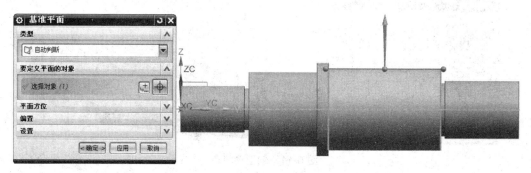

图 5-9　创建基准平面

6. 创建键槽

选择"键槽"命令，选择"矩形槽"选项，单击"确定"按钮，选择放置平面为上一步创建的基准平面，矩形键槽深度方向为向下，水平参考为沿 YC 轴方向，在弹出的"矩形键槽"对话框中，将"长度"设置为"40"，将"宽度"设置为"8"，将"深度"设置为"4"，单击"确定"按钮，为槽定位后，再单击"确定"按钮，如图 5-10 所示。

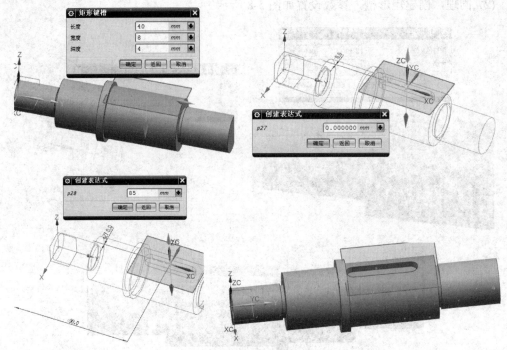

图 5-10　创建键槽

7. 创建倒斜角

选择"倒斜角"命令，弹出"倒斜角"对话框，将"横截面"设置为"对称"，将"距离"设置为"1"，点选相应的实体边界，单击"确定"按钮，如图 5-11 所示。

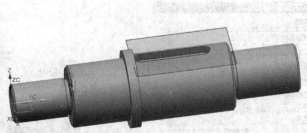

图 5-11　创建倒斜角

8. 保存文件

隐藏基准，并保存文件，完成阶梯轴零件的建模，如图 5-12 所示。

图 5-12　阶梯轴零件三维实体图

【知识点引入】

完成阶梯轴零件三维建模需要掌握以下知识。

1. 凸台

在实体的平面上添加一个圆柱形凸台，具体操作步骤如下。

选择"插入"｜"设计特征"｜"凸台"命令，弹出"凸台"对话框，如图5-13所示。

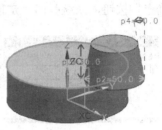

图 5-13　"凸台"对话框

(1) 选择放置平面，如选择圆柱体上表面。

(2) 直径：凸台在放置平面上的直径，如设置为"50"。

(3) 高度：凸台沿轴线的高度，如设置为"30"。

(4) 锥角：若指定为0，为圆柱体凸台；若指定为非0，则为圆锥形凸台。正角度值为向上收缩，负角度值为向下收缩，如设置为"10"。

(5) 设置"定位"对话框，选择"点落在点上"定位，选择圆柱体上表面边界线，出现"设置圆弧的位置"对话框，然后选择"圆弧中心"选项，如图5-14所示。

图 5-14　定位凸台

2. 槽

槽是将一个外部或内部槽添加到实体的圆柱形或锥形面，其类型包括矩形、球形端槽、U形沟槽三种方式。下面分别介绍各种类型槽的创建方法。

1) 矩形

(1) 选择"插入"｜"设计特征"｜"槽"命令，弹出"槽"对话框，如图5-15所示。

(2) 选择"矩形"选项，利用弹出的对话框选择放置面，在视图区中选择圆柱体外表面后，出现如图5-16所示的"矩形槽"对话框，设置参数。

● 槽直径：用于设置槽底部的直径尺寸，如设置为"36"。

● 宽度：用于设置槽的宽度尺寸，如设置为"10"。

图 5-15　"槽"对话框

图 5-16　"矩形槽"对话框

(3) 单击"确定"按钮，系统弹出"定位槽"对话框，如图 5-17 所示。

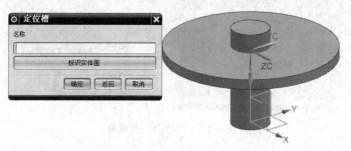

图 5-17　"定位槽"对话框

(4) 选择垂直定位，首先点选圆柱体上边界线，再点选圆盘上边界，输入所需要的定位尺寸，单击"确定"按钮，如图 5-18 所示。

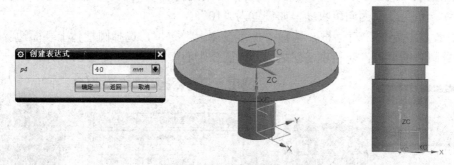

图 5-18　创建矩形槽

2) 球形端槽

球形端槽创建方法与矩形槽相同，区别在于槽底部为圆弧面，如图 5-19 所示。

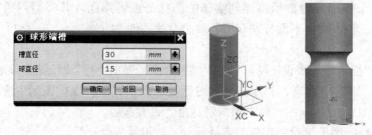

图 5-19　球形端槽

3) U 形沟槽

U 形沟槽创建方法与矩形槽相同，区别在于底面与侧面为圆弧过渡，如图 5-20 所示。

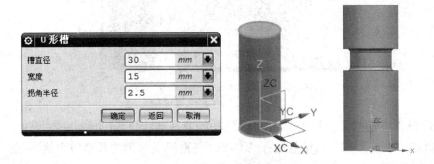

图 5-20　U 形沟槽

3. 键槽

键槽是以直槽形状添加的一条通道，使其通过实体或在实体内部。其类型包括矩形槽、球形端槽、U 形键槽、T 型键槽、燕尾槽五种方式。下面分别介绍各种类型键槽的创建方法。

1) 矩形槽

(1) 选择"插入"｜"设计特征"｜"键槽"菜单命令，弹出"键槽"对话框，选择"矩形槽"选项，单击"确定"按钮，弹出"矩形键槽"对话框，选择放置面为视图区基准平面。

(2) 如图 5-21 所示，键槽深度方向选择"接受默认边"，弹出"水平参考"对话框，选择水平参考对象为 ZC 轴方向，弹出如图 5-22 所示的"矩形键槽"对话框，设置参数。

- 长度：用于设置矩形键槽沿水平参考方向的尺寸。如设置为"30"。
- 宽度：用于设置矩形键槽沿垂直参考方向的尺寸。如设置为"12"。
- 深度：用于设置矩形键槽的深度。如设置为"6"。

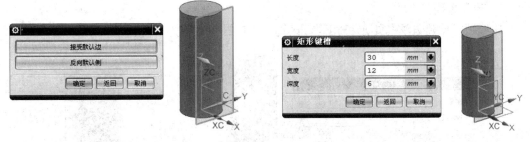

图 5-21　矩形键槽放置面　　　　　图 5-22　"矩形键槽"对话框

(3) 单击"确定"按钮，弹出"定位"对话框，如图 5-23 所示。

图 5-23　"定位"对话框

(4) 选择垂直定位，选择坐标系 ZC 轴与槽的基准线中线(中线与 ZC 轴平行)，输入 "0"，单击"确定"按钮，接着选择 XC-YC 基准平面与槽的基准线中线(中线与 XC-YC 基准平面平行)，输入"50"，如图 5-24 所示。

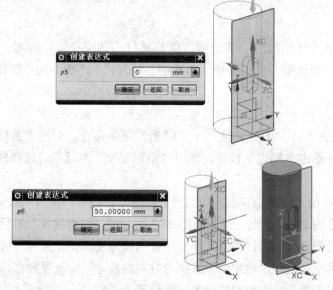

图 5-24　创建矩形键槽

2) 球形端槽

球形端槽创建方法与矩形槽相同，区别在于底部为圆弧形，如图 5-25 所示。

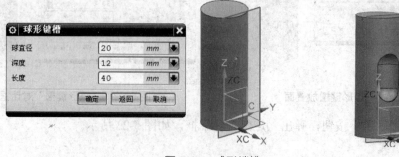

图 5-25　球形端槽

3) U 形键槽

U 形键槽创建方法与矩形槽相同，区别在于底部与侧面为圆弧过渡，如图 5-26 所示。

图 5-26　U 形键槽

4) T 型键槽

T 型键槽创建方法与矩形槽相同，区别在于截面为 T 字形，如图 5-27 所示。

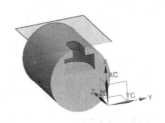

图 5-27　T 型键槽

5) 燕尾槽

燕尾槽创建方法与矩形槽相同，区别在于截面为燕尾形，如图 5-28 所示。

图 5-28　燕尾槽

5.2　斜齿轮轴的建模

【学习目标】

通过本项目的学习，熟练掌握圆柱体、齿轮建模、键槽、圆锥、基准平面、倒斜角、边倒圆等命令的应用与操作方法。

【学习重点】

综合运用各种命令完成斜齿轮轴零件的三维建模，如图 5-29 所示。

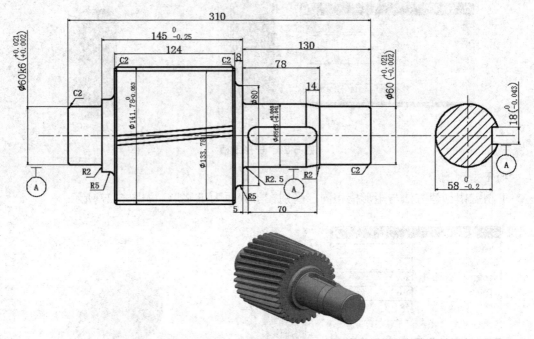

图 5-29　斜齿轮轴零件图

【建模步骤】

斜齿轮轴零件三维建模过程如下。

1. 新建文件

启动 UG NX 8.5 软件，新建部件文件 xiechilunzhou.prt，再选择"开始"菜单中的"建模"命令，进入 UG NX 8.5 建模模块界面。

2. 创建圆柱体

(1) 选择"圆柱体"命令，弹出"圆柱"对话框，将"类型"设置为"轴、直径和高度"，将"指定矢量"设置为 XC 轴方向，将"指定点"设置为(0，0，0)，将"直径"设置为"60"，将"高度"设置为"35"，将"布尔"设置为"无"，单击"确定"按钮，如图 5-30 所示。

(2) 同理，创建圆柱体特征，参数设置如图 5-31 所示。

3. 创建齿轮

选择"齿轮建模"命令，创建一个渐开线圆柱斜齿轮，参数设置如图 5-32 所示。

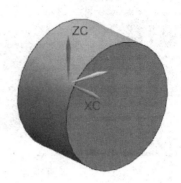

图 5-30　创建圆柱体

图 5-31　创建圆柱体

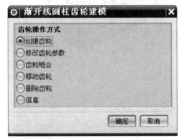

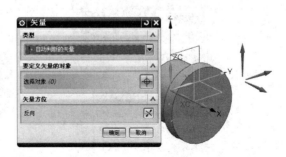

图 5-32　创建斜齿轮

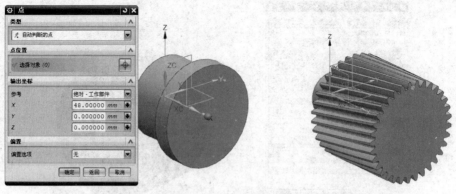

图 5-32　创建斜齿轮(续)

4. 创建圆柱体

(1) 选择"圆柱体"命令，弹出"圆柱"对话框，将"类型"设置为"轴、直径和高度"，将"指定矢量"设置为 XC 轴方向，将"指定点"设置为(172，0，0)，将"直径"设置为"80"，将"高度"设置为"8"，将"布尔"设置为"求和"，单击"确定"按钮，如图 5-33 所示。

图 5-33　创建圆柱体

(2) 同理，继续创建圆柱体，参数设置如图 5-34 所示。

图 5-34　创建圆柱体

5. 创建圆锥体

选择"圆锥"命令，弹出"圆锥"对话框，将"类型"设置为"直径和高度"，将"指定矢量"设置为 XC 轴方向，将"指定点"设置为(244，0，0)，将"底部直径"设置为"65"，将"顶部直径"设置为"60"，将"高度"设置为"14"，将"布尔"设置为"求和"，单击"确定"按钮，如图 5-35 所示。

图 5-35　创建圆锥体

6. 创建圆柱体

选择"圆柱体"命令，弹出"圆柱"对话框，将"类型"设置为"轴、直径和高度"，将"指定矢量"设置为 XC 轴方向，将"指定点"设置为(258，0，0)，将"直径"设置为"60"，将"高度"设置为"52"，将"布尔"设置为"求和"，单击"确定"按钮，如图 5-36 所示。

图 5-36　创建圆柱体

7. 创建基准平面

选择"插入"｜"基准/点"｜"基准平面"菜单命令，将 XC-YC 基准平面向上偏移 32.5，如图 5-37 所示。

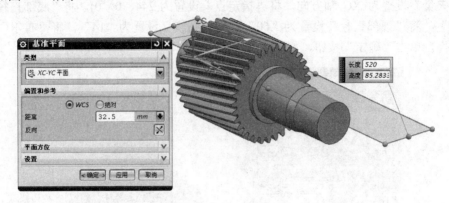

图 5-37　创建基准平面

8. 创建键槽

选择"键槽"命令，选择"矩形槽"选项，单击"确定"按钮，选择放置平面为上一步创建的基准平面，矩形键槽深度方向为向下，水平参考为沿 XC 轴方向，在弹出的"矩形键槽"对话框中，将"长度"设置为"70"，将"宽度"设置为"18"，将"深度"设置为"7"，单击"确定"按钮。给槽定位后，再单击"确定"按钮，如图 5-38 所示。

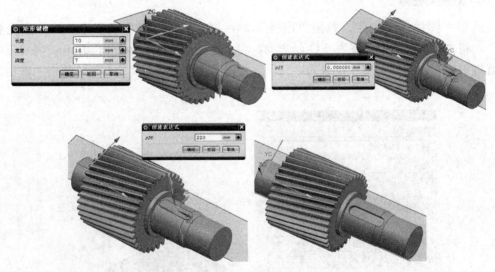

图 5-38　创建键槽

9. 创建倒斜角

选择"倒斜角"命令，弹出"倒斜角"对话框，将"横截面"设置为"对称"，将"距离"设置为"2"，点选相应的实体边界，单击"确定"按钮，效果如图 5-39 所示。

10. 创建边倒圆

选择"边倒圆"命令，弹出"边倒圆"对话框，将"形状"设置为"圆形"，将"半径"设置为"5",点选相应的实体边界,单击"应用"按钮。再次将"半径"设置为"2.5",点选相应的实体边界,单击"应用"按钮。再次将"半径"设置为"2",点选相应的实体边界,单击"确定"按钮,效果如图5-40所示。

图 5-39 创建倒斜角

图 5-40 创建边倒圆

11. 保存文件

隐藏基准,并保存文件,完成斜齿轮轴零件的建模,如图5-41所示。

图 5-41 斜齿轮轴零件三维实体图

【知识点引入】

完成斜齿轮轴零件三维建模需要掌握以下知识。

1. 齿轮建模

齿轮建模其类型包括圆柱齿轮建模、圆锥齿轮建模两种方式。下面以圆柱齿轮建模为例介绍其创建方法。

1) 圆柱齿轮建模

(1) 选择"GC 工具箱"|"齿轮建模"|"圆柱齿轮"菜单命令,弹出"渐开线圆柱齿轮建模"对话框,如图5-42所示。

(2) 选中"创建齿轮"单选按钮,单击"确定"按钮,弹出"渐开线圆柱齿轮类型"对话框,选中"直齿轮"单选按钮、"外啮合齿轮"单选按钮、"滚齿"单选按钮,如图5-43所示。

图 5-42 "渐开线圆柱齿轮建模"对话框

图 5-43 "渐开线圆柱齿轮类型"对话框

(3) 单击"确定"按钮，弹出"渐开线圆柱齿轮参数"对话框，参数设置如图 5-44 所示。

(4) 单击"确定"按钮，弹出"矢量"对话框，选择 YC 轴方向，单击"确定"按钮，弹出"点"对话框，选择坐标系(0，0，0)点，单击"确定"按钮，效果如图 5-45 所示。

图 5-44 "渐开线圆柱齿轮参数"对话框

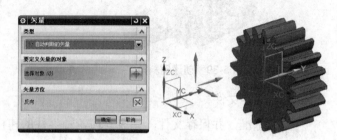

图 5-45 创建渐开线圆柱齿轮

2) 圆锥齿轮建模

圆锥齿轮建模创建方法与圆柱齿轮建模相同，这里就不做介绍了。

2. 圆锥

通过定义轴位置和尺寸可创建圆锥，其类型包括直径和高度，直径和半角，底部直径、高度和半角，顶部直径、高度和半角，两个共轴圆弧五种方式，下面分别做简单的介绍。

1) 直径和高度

选择"插入"｜"设计特征"｜"圆锥"菜单命令，弹出"圆锥"对话框，将"类型"设置为"直径和高度"，指定矢量用于指定圆锥的轴线方向，指定点确定底面圆位置，输入圆锥底部直径值、顶部直径值和高度值，如将"底部直径"设置为"25"，将"顶部直径"设置为"0"，将"高度"设置为"20"，如图 5-46 所示。

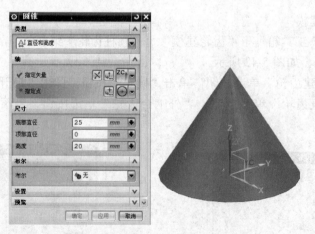

图 5-46 "圆锥"对话框

2) 直径和半角

创建方法为通过指定底部直径、顶部直径和半角生成圆锥。

3) 底部直径、高度和半角

创建方法为通过指定底部直径、高度和半角生成圆锥。

4) 顶部直径、高度和半角

创建方法为通过指定顶部直径、高度和半角生成圆锥。

5) 两个共轴圆弧

创建方法为通过指定两个同轴圆弧生成圆锥。如果两圆弧不同轴，系统会以投影的方式将顶部圆弧投影到基准圆弧轴上。圆弧可以不封闭。

5.3　曲轴的建模

【学习目标】

通过本项目的学习，熟练掌握圆柱体、凸台、拉伸、基准平面、修剪体、圆锥、倒斜角等命令的应用与操作方法。

【学习重点】

综合运用各种命令完成曲轴零件的三维建模，如图 5-47 所示。

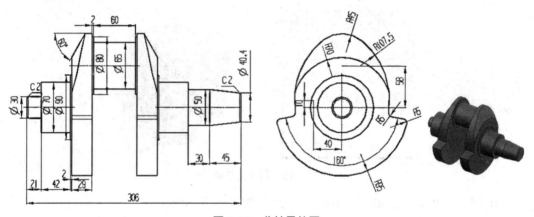

图 5-47　曲轴零件图

【建模步骤】

曲轴零件三维建模过程如下。

1. 新建文件

启动 UG NX 8.5 软件，新建部件文件 quzhou.prt，再选择"开始"菜单中的"建模"命令，进入 UG NX 8.5 建模模块界面。

2. 创建圆柱体

(1) 选择"圆柱体"命令，弹出"圆柱"对话框，将"类型"设置为"轴、直径和高度"，将"指定矢量"设置为 ZC 方向，将"指定点"设置为(0，0，0)，将"直径"设置为"30"，将"高度"设置为"21"，将"布尔"设置为"无"，单击"确定"按钮，如

图 5-48 所示。

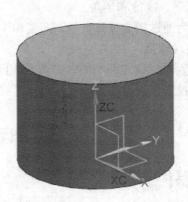

图 5-48　创建圆柱体

(2) 同理，创建圆柱体特征，参数设置如图 5-49 所示。

图 5-49　创建圆柱体

(3) 同理，继续创建圆柱体特征，参数设置如图 5-50 所示。

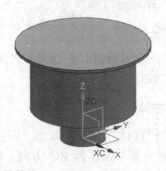

图 5-50　创建圆柱体

3. 移动坐标系

移动 WCS(工作坐标系)至 $\phi90$ 圆柱体上表面，如图 5-51 所示。

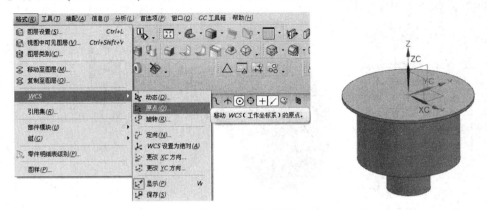

图 5-51 移动坐标系

4. 绘制草图

选择"插入"｜"任务环境中的草图"菜单命令，然后选择 XC-YC 基准平面，单击"确定"按钮，进入草绘环境，绘制草图，如图 5-52 所示。

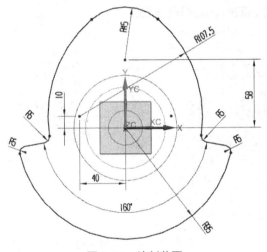

图 5-52 绘制草图

5. 创建拉伸

选择"拉伸"命令，弹出"拉伸"对话框，将"选择曲线"设置为上一步绘制的草图，将开始值"距离"设置为"0"，将结束值"距离"设置为"29"，将"布尔"设置为"无"，单击"确定"按钮，如图 5-53 所示。

6. 绘制圆弧

选择"插入"｜"任务环境中的草图"菜单命令，然后选择 XC-YC 基准平面，单击"确定"按钮，进入草绘环境，绘制圆弧，如图 5-54 所示。

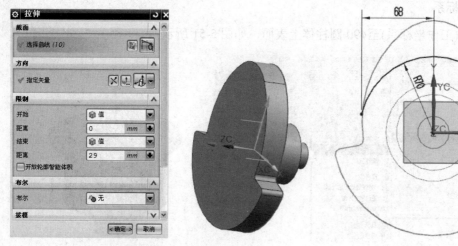

图 5-53　创建拉伸体 图 5-54　绘制圆弧

7. 创建基准平面

选择"插入"｜"基准/点"｜"基准平面"菜单命令，将 XC-YC 基准平面绕 X 轴旋转 60°，如图 5-55 所示。

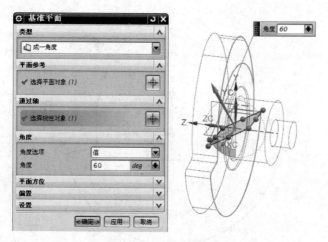

图 5-55　创建基准平面

8. 创建拉伸

选择"拉伸"命令，弹出"拉伸"对话框，将"选择曲线"设置为第 6 步绘制的草图，将"指定矢量"设置为第 7 步创建的基准面的法向，将开始值"距离"设置为"-10"，将结束值"距离"设置为"50"，将"布尔"设置为"无"，单击"确定"按钮，如图 5-56 所示。

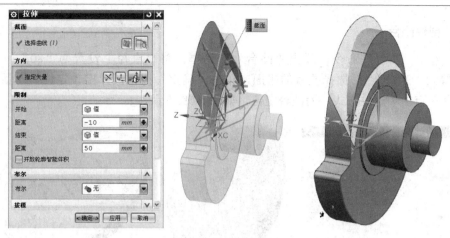

图 5-56 创建拉伸体

9. 修剪实体

选择"修剪体"命令，弹出"修剪体"对话框，点选要修剪的实体，单击"确定"按钮，如图 5-57 所示。

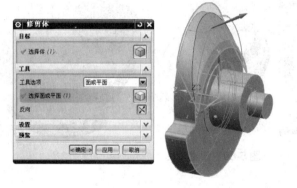

图 5-57 修剪体

10. 隐藏特征

选择"隐藏"命令，隐藏草图及实体，如图 5-58 所示。

图 5-58 隐藏特征

11. 创建凸台

(1) 选择"凸台"命令,弹出"凸台"对话框,将"直径"设置为"80",将"高度"设置为"2",然后选择放置的平面,单击"确定"按钮,弹出"定位"对话框,选择"点落在点上"定位方式,为凸台定位,如图 5-59 所示。

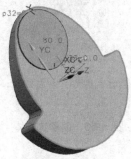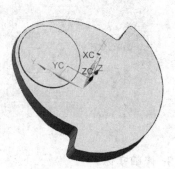

图 5-59　创建凸台

(2) 同理,创建凸台特征,参数设置如图 5-60 所示。

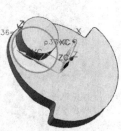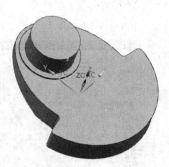

图 5-60　创建凸台

12. 组合特征

选择"求和"命令,点选要求和的目标体和工具体,单击"确定"按钮,如图 5-61 所示。

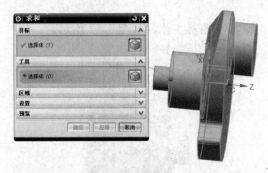

图 5-61　组合特征

13. 创建特征分组

创建特征分组,在"特征组名称"文本框中输入"1",如图 5-62 所示。

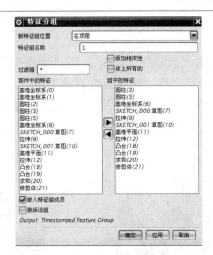

图 5-62　创建特征分组

14. 镜像特征

选择"镜像特征"命令，弹出"镜像特征"对话框，点选需要镜像的特征(特征分组 1)和镜像平面，单击"确定"按钮，如图 5-63 所示。

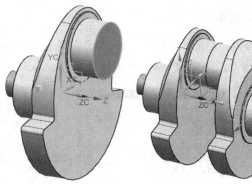

图 5-63　镜像特征

15. 创建凸台

选择"凸台"命令，弹出"凸台"对话框，将"直径"设置为"50"，将"高度"设置为"30"，然后选择放置的平面，单击"确定"按钮，弹出"定位"对话框，选择"点落在点上"定位方式，为凸台定位后，如图 5-64 所示。

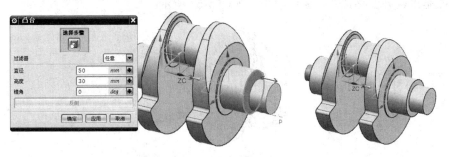

图 5-64　创建凸台

16. 创建圆锥体

选择"圆锥"命令,弹出"圆锥"对话框,将"类型"设置为"直径和高度",将"指定矢量"设置为 ZC 轴方向,将"指定点"设置为(0,0,261),将"底部直径"设置为"50",将"顶部直径"设置为"40",将"高度"设置为"45",单击"确定"按钮,如图 5-65 所示。

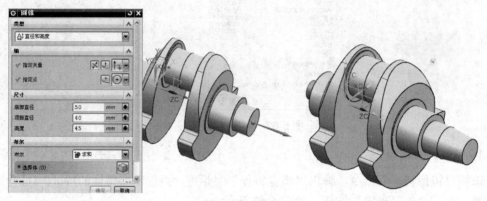

图 5-65　创建圆锥体

17. 创建倒斜角

选择"倒斜角"命令,弹出"倒斜角"对话框,将"横截面"设置为"对称",将"距离"设置为"2",点选相应的实体边界,单击"确定"按钮,如图 5-66 所示。

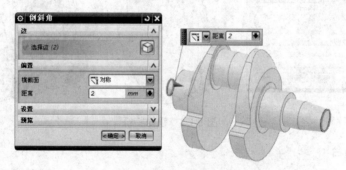

图 5-66　创建倒斜角

18. 保存文件

隐藏基准,并保存文件,完成建模,如图 5-67 所示。

图 5-67　曲轴零件三维实体图

【知识点引入】

完成曲轴零件三维建模需要掌握以下知识。

1. 修剪体

修剪体可以用一个基准平面将实体修剪掉一部分。

选择"插入"｜"修剪"｜"修剪体"菜单命令，弹出"修剪体"对话框，选择需要修剪的实体和修剪工具的基准平面，单击"确定"按钮，如图 5-68 所示。

图 5-68　修剪体

2. 垫块

垫块是向实体添加材料，或使用沿矢量对截面进行投影生成的面来修改片体。其类型包括矩形和常规两种方式。下面以矩形垫块为例介绍其创建方法。

(1) 选择"插入"｜"设计特征"｜"垫块"菜单命令，弹出"垫块"对话框，如图 5-69 所示。

图 5-69　"垫块"对话框

(2) 选择"矩形"选项，弹出"矩形垫块"对话框，该对话框用于放置位置，在视图区中选择需要放置的面和水平参考对象，如图 5-70 所示。

- 长度：用于设置垫块沿水平参考方向的尺寸，如设置为"60"。
- 宽度：用于设置垫块沿垂直方向的尺寸，如设置为"40"。
- 高度：用于设置垫块的高度，如设置为"20"。
- 拐角半径：用于设置垫块高度方向直边处的拐角半径，其值必须大于或等于 0，如设置为"6"。
- 锥角：用于设置垫块的倾斜角度，如设置为"3"。

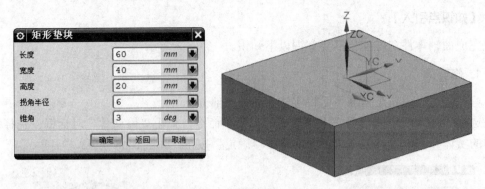

图 5-70　"矩形垫块"对话框

(3) 单击"确定"按钮，弹出"定位"对话框，选择"垂直"定位，选择坐标轴(或实体边界)与槽的基准线(中线)，将定位尺寸设置为"0"，如图 5-71 所示。

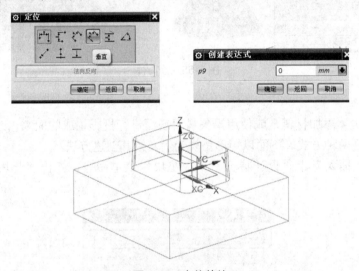

图 5-71　定位垫块

3. 偏置曲面

选择"插入"｜"偏置/缩放"｜"偏置曲面"菜单命令，弹出"偏置曲面"对话框，选择需要偏置的面，将"偏置 1"设置为"20"，单击"确定"按钮，如图 5-72 所示。

图 5-72　"偏置曲面"对话框

4. 缩放体

缩放体用来缩放实体或片体，其类型包括均匀、轴对称、常规三种方式。下面分别做详细介绍。

1) 均匀

选择"插入"｜"偏置/缩放"｜"缩放体"菜单命令，弹出"缩放体"对话框，将"类型"设置为"均匀"，将"选择体"设置为"长方体"，将"指定点"设置为(0，0，0)，将"均匀"设置为"2"，单击"确定"按钮，如图 5-73 所示。

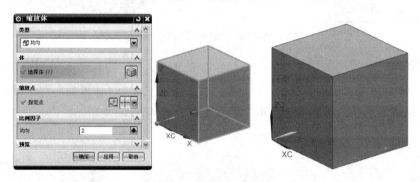

图 5-73　"缩放体"对话框中的"均匀"类型

2) 轴对称

选择"插入"｜"偏置/缩放"｜"缩放体"菜单命令，弹出"缩放体"对话框，将"类型"设置为"轴对称"，将"选择体"设置为"圆柱体"，将"指定矢量"设置为 ZC 轴方向，将"指定点"设置为(0，0，0)，将"沿轴向"设置为"3"，将"其他方向"设置为"2"，单击"确定"按钮，如图 5-74 所示。

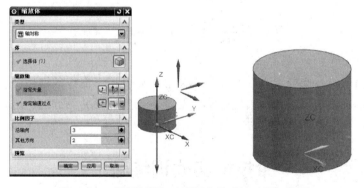

图 5-74　"缩放体"对话框中的"轴对称"类型

3) 常规

选择"插入"｜"偏置/缩放"｜"缩放体"命令，弹出"缩放体"对话框，将"类型"设置为"常规"，将"选择体"设置为"长方体"，将"指定 CSYS"设置为 WCS，将"X 向"设置为"2"，将"Y 向"设置为"3"，将"Z 向"设置为"0.5"，单击"确定"按钮，如图 5-75 所示。

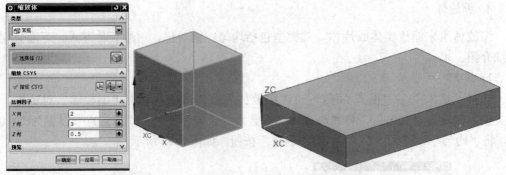

图 5-75　"缩放体"对话框中的"常规"类型

5. 偏置面

选择"插入"｜"偏置/缩放"｜"偏置面"命令，弹出"偏置面"对话框，选择"面1"，将"偏置"设置为"30"，单击"确定"按钮，如图 5-76 所示。

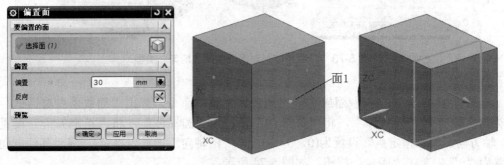

图 5-76　设置偏置面

本　章　小　结

通过本章的学习，读者重点掌握 UG NX 8.5 软件以下命令的操作：圆柱体、凸台、槽、键槽、基准平面、倒斜角、齿轮建模、圆锥、修剪体，并熟练运用这些命令完成产品的三维建模。

技能实战训练题

试根据图 5-77 和图 5-78 所示零件图的尺寸要求，完成三维实体建模。

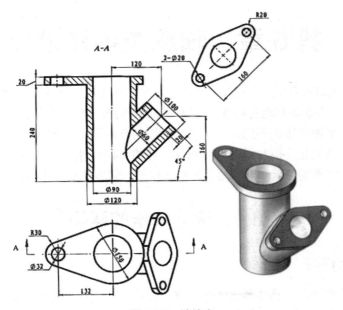

图 5-77　铰接座

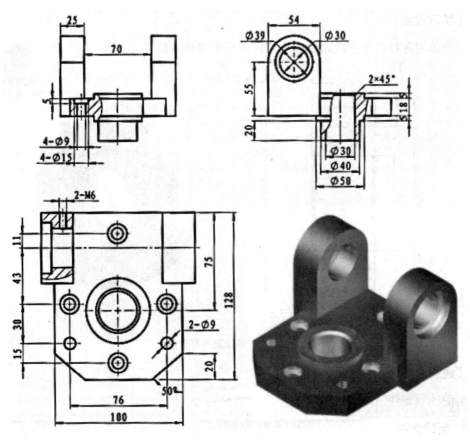

图 5-78　支承座

第6章 轴承类零件设计

轴承是现代机械设备中一种重要的零部件，主要功能是支承机械旋转体，降低其运动过程中的摩擦系数，并保证其回转精度，一般由外圈、内圈、滚动体和保持架四部分组成。

按运动元件摩擦性质的不同，轴承可分为滚动轴承和滑动轴承两大类。其中，滚动轴承已经标准化、系列化，但与滑动轴承相比，它的径向尺寸、振动和噪声较大，价格也较高。本章主要介绍滚动轴承和滑动轴承零件建模的一般方法与应用技巧。

6.1 滚动轴承的建模

【学习目标】

通过本项目的学习，熟练掌握回转、球、拉伸、阵列面、阵列特征、基准平面、倒斜角、边倒圆等命令的应用与操作方法。

【学习重点】

综合运用各种命令完成滚动轴承零件的三维建模，如图 6-1 所示。

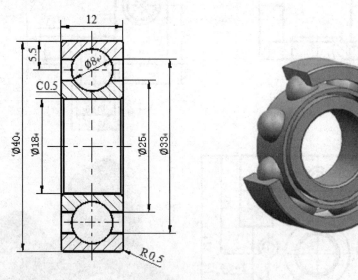

图 6-1 滚动轴承零件图

【建模步骤】

滚动轴承零件三维建模过程如下。

1. 新建文件

启动 UG NX 8.5 软件，新建部件文件 gundongzhoucheng.prt，再选择"开始"菜单中的"建模"命令，进入 UG NX 8.5 建模模块界面。

2. 创建滚动轴承外圈

(1) 选择"插入"｜"任务环境中的草图"菜单命令，然后选择 YC-ZC 基准平面，单击"确定"按钮，进入草绘环境，绘制草图，如图 6-2 所示。

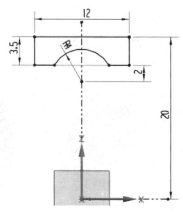

图 6-2　绘制草图

(2) 选择"回转"命令，弹出"回转"对话框，将"选择曲线"设置为第 1 步绘制的草图，将"指定矢量"设置为 YC 轴方向，将"指定点"设置为(0，0，0)，将开始值"角度"设置为"0"，将结束值"角度"设置为"360"，将"布尔"设置为"无"，单击"确定"按钮，如图 6-3 所示。

3. 创建滚动轴承内圈

(1) 选择"插入"｜"任务环境中的草图"菜单命令，然后选择 YC-ZC 基准平面，单击"确定"按钮，进入草绘环境，绘制草图，如图 6-4 所示。

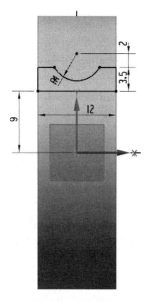

图 6-3　创建回转体

图 6-4　绘制草图

(2) 选择"回转"命令，弹出"回转"对话框，将"选择曲线"设置为第 1 步绘制的草图，将"指定矢量"设置为 YC 轴方向，将"指定点"设置为(0，0，0)，将开始值"角度"设置为"0"，将结束值"角度"设置为"360"，将"布尔"设置为"无"，单击"确定"按钮，如图 6-5 所示。

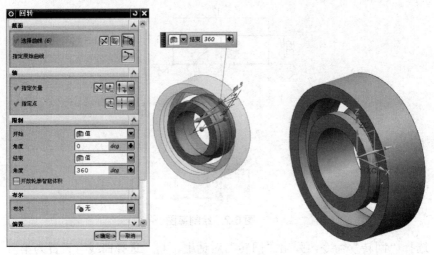

图 6-5　创建滚动轴承内圈

4. 创建滚动轴承保持架

(1) 选择"插入"｜"任务环境中的草图"菜单命令，然后选择 XC-ZC 基准平面，单击"确定"按钮，进入草绘环境，绘制草图，如图 6-6 所示。

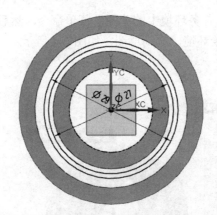

图 6-6　绘制圆

(2) 选择"拉伸"命令，弹出"拉伸"对话框，将"选择曲线"设置为第 1 步绘制的草图，将"结束"设置为"对称值"，将"距离"设置为"6"，将"布尔"设置为"无"，单击"确定"按钮，如图 6-7 所示。

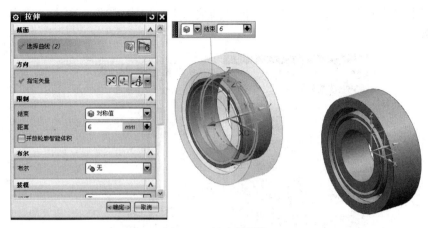

图 6-7　创建拉伸体

(3) 选择"插入"｜"基准/点"｜"基准平面"菜单命令，将 XC-YC 基准平面向上偏移 14.5，如图 6-8 所示。

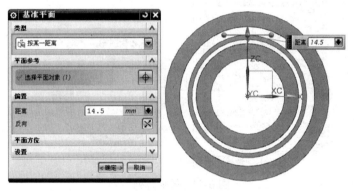

图 6-8　创建基准平面

(4) 选择"插入"｜"任务环境中的草图"菜单命令，然后选择上一步创建的基准平面作为草绘平面，单击"确定"按钮，进入草绘环境，绘制草图，如图 6-9 所示。

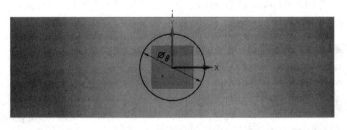

图 6-9　绘制草图

(5) 选择"拉伸"命令，弹出"拉伸"对话框，将"选择曲线"设置为上一步绘制的草图，将开始值"距离"设置为"0"，将结束值"距离"设置为"1.8"，将"布尔"设置为"求差"，单击"确定"按钮，如图 6-10 所示。

(6) 选择"阵列面"命令，弹出"阵列面"对话框，将"类型"设置为"圆形阵列"，选择要阵列的腔体面，将"指定矢量"设置为 YC 轴方向，将"指定点"设置为

（0，0，0），将"角度"设置为"45"，将"圆数量"设置为"8"，单击"确定"按钮，如图 6-11 所示。

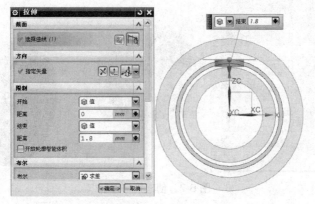

图 6-10　创建拉伸体

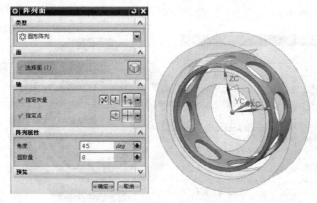

图 6-11　圆形阵列

5. 创建滚动轴承滚动体

（1）选择"球"命令，弹出"球"对话框，将"类型"设置为"中心点和直径"，在"点"对话框中将"输出坐标"设置为（0，0，14.5），将"直径"设置为"8"，单击"确定"按钮，如图 6-12 所示。

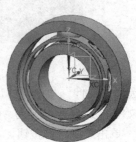

图 6-12　创建球体

(2) 选择"阵列特征"命令，弹出"阵列特征"对话框，选择特征为球体，将"布局"设置为"圆形"，将"指定矢量"设置为 YC 轴方向，将"指定点"设置为(0，0，0)，将"间距"设置为"数量和节距"，将"数量"设置为"8"，将"节距角"设置为"45"，单击"确定"按钮，如图 6-13 所示。

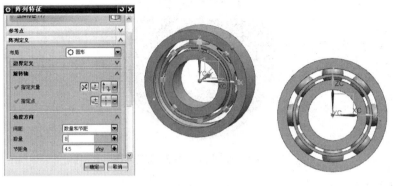

图 6-13 圆形阵列

6. 创建边倒圆

选择"边倒圆"命令，弹出"边倒圆"对话框，将"形状"设置为"圆形"，将"半径"设置为"0.5"，点选相应的实体边界，单击"确定"按钮，如图 6-14 所示。

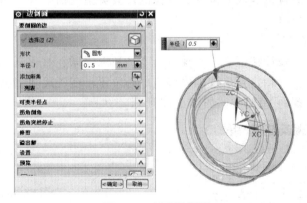

图 6-14 创建边倒圆

7. 创建倒斜角

选择"倒斜角"命令，弹出"倒斜角"对话框，将"横截面"设置为"对称"，将"距离"设置为"0.5"，点选相应的实体边界，单击"确定"按钮，如图 6-15 所示。

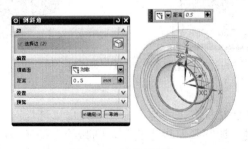

图 6-15 创建倒斜角

8. 保存文件

隐藏基准和草图，并保存文件，完成滚动轴承零件的建模，如图 6-16 所示。

图 6-16　滚动轴承零件三维实体图

【知识点引入】

完成滚动轴承零件三维建模需要掌握以下知识。

1. 球

球是通过定义中心位置和尺寸来创建球体的，其类型包括中心点和直径、圆弧两种方式。下面分别做详细介绍。

1) 中心点和直径

选择"插入"｜"设计特征"｜"球"命令，弹出"球"对话框，将"类型"设置为"中心点和直径"，在"指定点"选项中确定球心位置，在"尺寸"选项组中设置球体直径。如将"直径"设置为"120"，如图 6-17 所示。

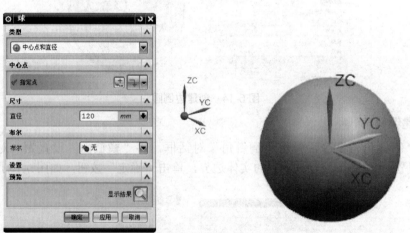

图 6-17　"球"对话框

2) 圆弧

选择"插入"｜"设计特征"｜"球"命令，弹出"球"对话框，将"类型"设置为"圆弧"，选择圆弧曲线，该圆弧可以不封闭，圆弧的半径和中心分别作为创建球体的半径和球心。

2. 长方体

长方体是通过定义拐角位置和尺寸来创建的，其类型包括原点和边长、两点和高度、两个对角点三种方式，下面分别做详细介绍。

1) 原点和边长

选择"插入"｜"设计特征"｜"长方体"命令，弹出"块"对话框，将"类型"设置为"原点和边长"，指定一点作为长方体的前左下角的顶点，依次输入长方体长度、宽度、高度。如左下角的顶点坐标值设置为(0，0，0)，设置"长度"为"100"、宽度为"100"、高度为"50"，如图 6-18 所示。

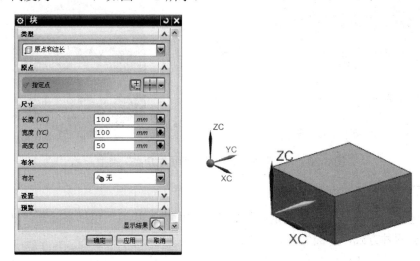

图 6-18 "块"对话框中的"原点和边长"类型

2) 两点和高度

选择"插入"｜"设计特征"｜"长方体"命令，弹出"块"对话框，将"类型"设置为"两点和高度"，分别指定底面两个对角点，输入长方体的高度。如第一个点坐标值设置为(0，0，0)，第二个点坐标值设置为(100，100，0)，将"高度"设置为"30"，如图 6-19 所示。

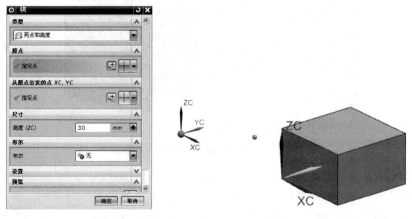

图 6-19 "块"对话框中的"两点和高度"类型

3）两个对角点

选择"插入"｜"设计特征"｜"长方体"命令，弹出"块"对话框，将"类型"设置为"两个对角点"，依次输入长方体两个对角点。如第一个点坐标值设置为(0，0，0)，第二个点坐标值设置为(100，100，100)，如图 6-20 所示。

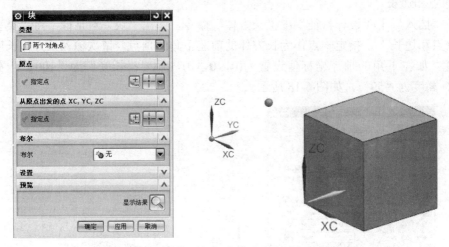

图 6-20　"块"对话框中的"两个对角点"类型

3. 抽壳

抽壳是通过应用薄壁并打开选定的面修改实体而成。其类型包括移除面，然后抽壳和对所有面抽壳两种方式，下面做详细介绍。

1）移除面，然后抽壳

选择"插入"｜"偏置/缩放"｜"抽壳"命令，弹出"抽壳"对话框，将"类型"设置为"移除面，然后抽壳"，将"选择面"设置为长方体上表面，将"厚度"设置为"6"，单击"确定"按钮，如图 6-21 所示。

图 6-21　"抽壳"对话框中的"移除面，然后抽壳"类型

2）对所有面抽壳

选择"插入"｜"偏置/缩放"｜"抽壳"命令，弹出"抽壳"对话框，将"类型"设置为"对所有面抽壳"，将"选择体"设置为长方体，将"厚度"设置为"3"，单击"确定"按钮，如图 6-22 所示。

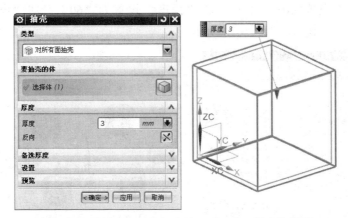

图 6-22　"抽壳"对话框中的"对所有面抽壳"类型

4. 阵列面

阵列面是在矩形或圆形中复制一组面，或者将其镜像并添加到体中，其类型包括矩形阵列、圆形阵列、镜像三种方式，下面具体介绍创建方法。

1）矩形阵列

选择"插入"｜"关联复制"｜"阵列面"命令，弹出"阵列面"对话框，将"类型"设置为"矩形阵列"，选择需要阵列的圆柱体面，将"X 向"选项组中的"指定矢量"设置为沿 XC 轴方向，将"Y 向"选项组中的"指定矢量"设置为沿 YC 轴方向，将"X 距离"设置为"50"，将"Y 距离"设置为"70"，将"X 数量"设置为"2"，将"Y 数量"设置为"5"，单击"确定"按钮，如图 6-23 所示。

图 6-23　矩形阵列

2）圆形阵列

选择"插入"｜"关联复制"｜"阵列面"命令，弹出"阵列面"对话框，将"类型"设置为"圆形阵列"，选择需要阵列的圆柱体面，将"指定矢量"设置为 ZC 轴方向，将"指定点"设置为(0，0，0)，将"角度"设置为"60"，将"圆数量"设置为"6"，单击"确定"按钮，如图6-24所示。

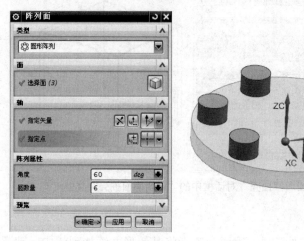

图 6-24　圆形阵列

3) 镜像

选择"插入"｜"关联复制"｜"阵列面"命令，弹出"阵列面"对话框，将"类型"设置为"镜像"，选择需要阵列的长方体面，再将"选择平面"设置为 YC-ZC 基准平面，单击"确定"按钮，如图6-25所示。

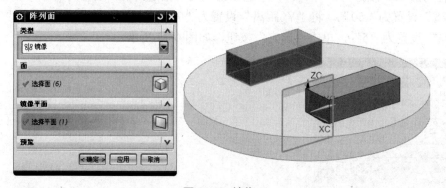

图 6-25　镜像

6.2　滑动轴承座的建模

【学习目标】

通过本项目的学习，熟练掌握拉伸、凸台、镜像特征、腔体、孔、基准平面、倒斜角、边倒圆、螺纹等命令的应用与操作方法。

【学习重点】

综合运用各种命令完成滑动轴承座零件的三维建模，如图6-26所示。

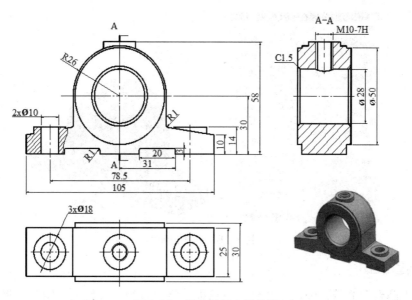

图 6-26　滑动轴承座零件图

【建模步骤】

滑动轴承座零件三维建模过程如下。

1. 新建文件

启动 UG NX 8.5 软件，新建部件文件 huadongzhouchengzhuo.prt，再选择 "开始"菜单中的"建模"命令，进入 UG NX 8.5 建模模块界面。

2. 绘制草图

选择"插入"｜"任务环境中的草图"菜单命令，然后选择 YC-ZC 基准平面，单击"确定"按钮，进入草绘环境，绘制草图，如图 6-27 所示。

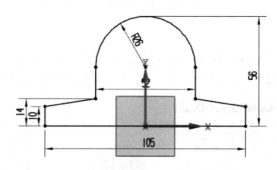

图 6-27　绘制草图

3. 创建拉伸

选择"拉伸"命令，弹出"拉伸"对话框，将"选择曲线"设置为第 2 步绘制的草图，将"结束"设置为"对称值"，将"距离"设置为"12.5"，将"布尔"设置为"无"，单击"确定"按钮，如图 6-28 所示。

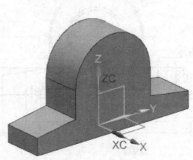

图 6-28　创建拉伸体

4. 创建凸台

选择"凸台"命令，弹出"凸台"对话框，将"直径"设置为"50"，将"高度"设置为"2.5"，然后选择放置的平面，单击"确定"按钮，弹出"定位"对话框，选择"点落在点上"定位方式，给凸台定位，如图 6-29 所示。

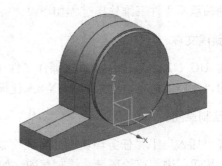

图 6-29　创建凸台

5. 镜像特征

选择"镜像特征"命令，弹出"镜像特征"对话框，将"选择特征"设置为凸台，将"平面"设置为 YC-ZC 基准平面，单击"确定"按钮，如图 6-30 所示。

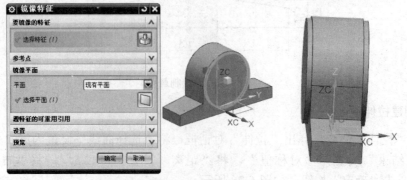

图 6-30　镜像特征

6. 创建基准平面

选择"插入"｜"基准/点"｜"基准平面"菜单命令，创建一个基准平面，如图 6-31 所示。

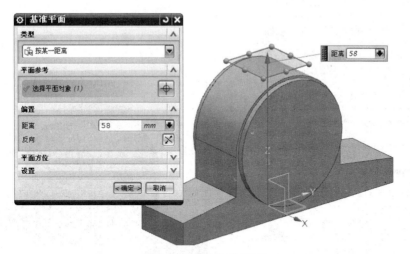

图 6-31　创建基准平面

7. 绘制 ϕ18 圆

选择"插入"｜"任务环境中的草图"菜单命令，然后选择上一步创建的基准平面作为草绘平面，单击"确定"按钮，进入草绘环境，绘制草图，如图 6-32 所示。

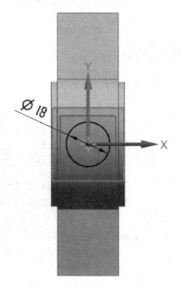

图 6-32　绘制圆

8. 创建拉伸

选择"拉伸"命令，弹出"拉伸"对话框，将"选择曲线"设置为上一步绘制的草图，将开始值"距离"设置为"0"，将"结束"设置为"直至选定"，将"布尔"设置为"求和",单击"确定"按钮,如图 6-33 所示。

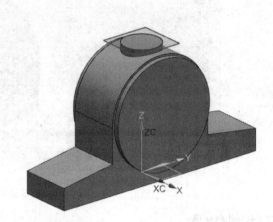

图 6-33　创建拉伸体

9. 创建基准平面

选择"插入"｜"基准/点"｜"基准平面"菜单命令,创建一个基准平面,如图 6-34 所示。

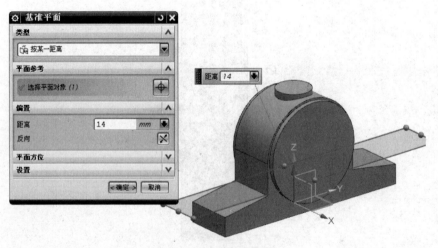

图 6-34　创建基准平面

10. 绘制ϕ18圆

选择"插入"｜"任务环境中的草图"菜单命令,然后选择上一步创建的基准平面作为草绘平面,单击"确定"按钮,进入草绘环境,绘制草图,如图 6-35 所示。

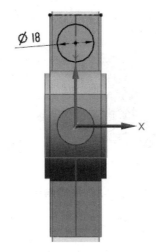

图 6-35 绘制圆

11. 创建拉伸

选择"拉伸"命令，弹出"拉伸"对话框，将"选择曲线"设置为上一步绘制的草图，将开始值"距离"设置为"0"，将"结束"设置为"直至选定"，将"布尔"设置为"无"，单击"确定"按钮，如图 6-36 所示。

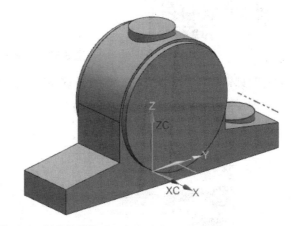

图 6-36 创建拉伸体

12. 镜像特征

选择"镜像特征"命令，弹出"镜像特征"对话框，选择需要镜像的特征为上一步创建的特征，镜像平面为 XC-ZC 基准平面，单击"确定"按钮，如图 6-37 所示。

13. 创建孔

(1) 选择"孔"菜单命令，弹出"孔"对话框，将"类型"设置为"常规孔"，将"指定点"设置为第 4 步创建的凸台外表面圆中心点，将"孔方向"设置为"垂直于面"，将"成形"设置为"简单"，将"直径"设置为"28"，将"深度限制"设置为"贯通体"，将"布尔"设置为"求差"，单击"确定"按钮，如图 6-38 所示。

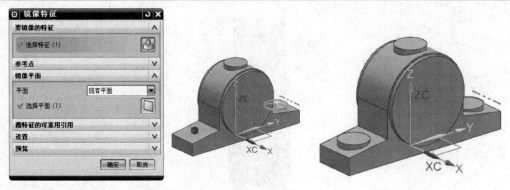

图 6-37　镜像特征

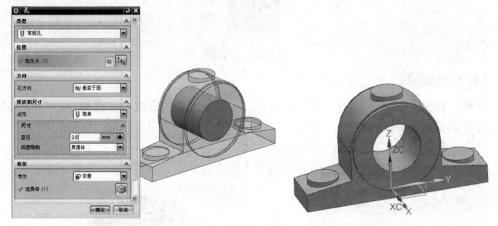

图 6-38　创建孔

(2) 同理，创建两个 ϕ10 孔，参数设置如图 6-39 所示。

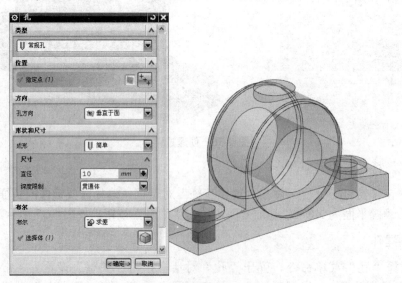

图 6-39　创建两个 ϕ10 孔

(3) 同理，创建一个 ϕ10 孔，参数设置如图 6-40 所示。

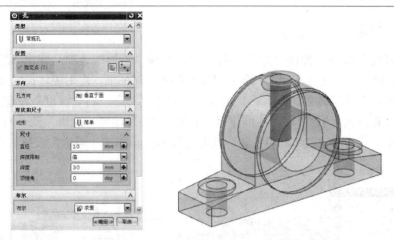

图 6-40　创建一个 ϕ10 孔

14. 创建倒斜角

选择"倒斜角"命令，弹出"倒斜角"对话框，将"横截面"设置为"对称"，将"距离"设置为"0.5"，点选相应的实体边界，单击"确定"按钮，如图 6-41 所示。

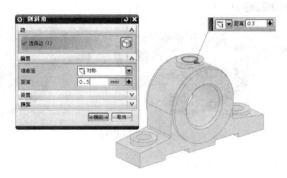

图 6-41　创建倒斜角

15. 创建螺纹

选择"螺纹"命令，弹出"螺纹"对话框，将"螺纹类型"设置为"详细"，选择孔内表面，将"大径"设置为"12"，将"长度"设置为"18"，将"螺距"设置为"1.5"，将"角度"设置为"60"，将"旋转"设置为"右旋"，单击"确定"按钮，如图 6-42 所示。

图 6-42　创建螺纹

16. 创建腔体

选择"腔体"命令，弹出"腔体"对话框，选择"矩形"选项，弹出"矩形腔体"对话框，放置面选择轴承座底部平面，弹出"水平参考"对话框，矩形腔体长度方向沿 YC 轴方向，将"长度"设置为"20"，将"宽度"设置为"25"，将"深度"设置为"3"，将"拐角半径"设置为"0"，将"底面半径"设置为"0"，将"锥角"设置为"0"，单击"确定"按钮，弹出"定位"对话框，为腔体定位后，再单击"确定"按钮，如图 6-43 所示。

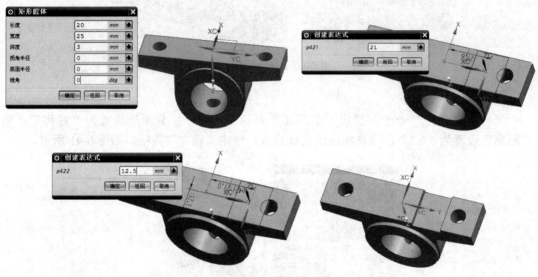

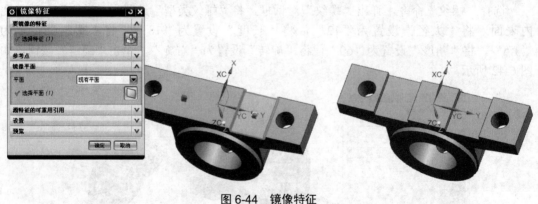

图 6-43 创建腔体

17. 镜像特征

选择"镜像特征"命令，弹出"镜像特征"对话框，将"选择特征"设置为上一步创建的特征，将"选择平面"设置为 XC-ZC 基准平面，单击"确定"按钮，如图 6-44 所示。

图 6-44 镜像特征

18. 创建倒斜角

选择"倒斜角"命令，弹出"倒斜角"对话框，将"横截面"设置为"对称"，将

"距离"设置为"1.5",点选相应的实体边界,单击"确定"按钮,如图 6-45 所示。

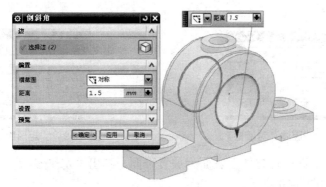

图 6-45 创建倒斜角

19. 创建边倒圆

选择"边倒圆"命令,弹出"边倒圆"对话框,将"形状"设置为"圆形",将"半径"设置为"1",点选相应的实体边界,单击"确定"按钮,如图 6-46 所示。

20. 保存文件

隐藏基准和草图,并保存文件,完成滑动轴承座零件的建模,如图 6-47 所示。

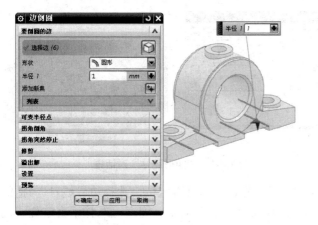

图 6-46 创建边倒圆

图 6-47 滑动轴承座零件三维实体图

【知识点引入】

完成滑动轴承座零件三维建模需要掌握以下知识。

1. 腔体

腔体是从实体中移除材料,或使用沿矢量对截面进行投影生成的面来修改片体。其类型包括圆柱坐标系、矩形、常规三种,下面主要介绍矩形腔体的创建方法。

1) 矩形

(1) 选择"插入"|"设计特征"|"腔体"菜单命令,弹出"腔体"对话框,如图 6-48 所示。

(2) 在"腔体"对话框中选择 "矩形"选项，弹出"矩形腔体"对话框，用于放置位置，如图 6-49 所示。

图 6-48 "腔体"对话框

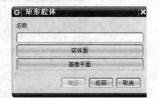

图 6-49 "矩形腔体"对话框

(3) 在视图区中选择长方体上表面为放置平面，弹出"水平参考"对话框，指定矩形腔体长度方向，如图 6-50 所示。

(4) 选择边 1 为水平参考方向，弹出"矩形腔体"对话框，如图 6-51 所示。

- 长度：用于设置矩形腔体沿水平参考方向的尺寸，如设置为"80"。
- 宽度：用于设置矩形腔体沿垂直方向的尺寸，如设置为"60"。
- 深度：用于设置矩形腔体的深度，如设置为"20"。
- 拐角半径：用于设置矩形腔体深度方向直边处的拐角半径，如设置为"8"。
- 底面半径：用于设置矩形腔体底面周边的圆弧半径，如设置为"5"。
- 锥角：用于设置矩形腔体的倾斜角度，如设置为"0"。

图 6-50 "水平参考"对话框

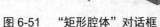

图 6-51 "矩形腔体"对话框

(5) 单击"确定"按钮，弹出"定位"对话框，选择垂直定位，选择边界线 1 与槽的基准线(中心)，将定位尺寸设置为"50"，单击"确定"按钮。同理，选择垂直定位，选择边界线 2 与槽的基准线(中心)，将定位尺寸设置为"50"，单击"确定"按钮，如图 6-52 所示。

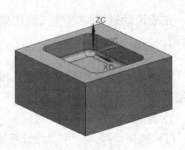

图 6-52 设置定位尺寸

2) 圆柱坐标系

创建方法与矩形腔体相同。

3) 常规

一般情况不使用。

2. 同步建模

同步建模是对已有特征进行编辑操作，包括移动面、拉出面、删除面、替换面、偏置区域、调整面大小、调整圆角大小、复制面、剪切面、粘贴面、阵列面、镜像面、设为共轴等。下面对部分操作做详细的介绍。

1) 移动面

选择"插入"｜"同步建模"｜"移动面"命令，弹出"移动面"对话框，选择需要移动的面，将"运动"设置为"距离-角度"，将"距离"设置为"30"，将"角度"设置为"50"，单击"确定"按钮，如图 6-53 所示。

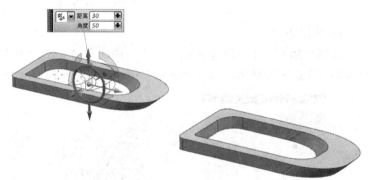

图 6-53　移动面

2) 拉出面

选择"插入"｜"同步建模"｜"拉出面"命令，弹出"拉出面"对话框，选择需要拉出的面 1，将"运动"设置为"距离"，将"距离"设置为"10"，单击"确定"按钮，如图 6-54 所示。

图 6-54　拉出面

3) 偏置区域

选择"插入"｜"同步建模"｜"偏置区域"命令，弹出"偏置区域"对话框，选择需要偏置的面1和面2，将"距离"设置为"10"，单击"确定"按钮，如图6-55所示。

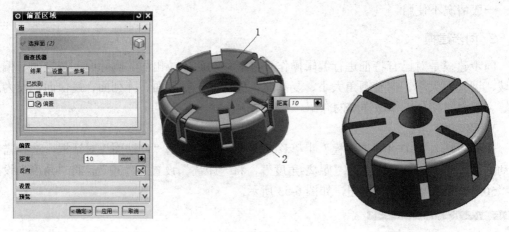

图6-55　偏置区域

4) 替换面

选择"插入"｜"同步建模"｜"替换面"命令，弹出"替换面"对话框，选择需要替换的4个面和替换面，单击"确定"按钮，如图6-56所示。

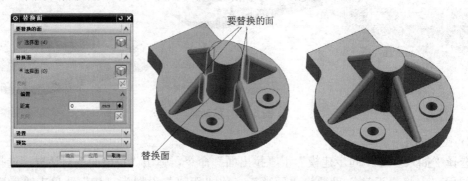

图6-56　替换面

5) 调整面大小

选择"插入"｜"同步建模"｜"调整面大小"命令，弹出"调整面大小"对话框，选择需要调整的面(更改圆柱形或球形面的直径)，将"直径"设置为"20"，单击"确定"按钮，如图6-57所示。

6) 调整圆角大小

选择"插入"｜"同步建模"｜"调整圆角大小"命令，弹出"调整圆角大小"对话框，选择需要调整的圆角，将"半径"设置为"2"，单击"确定"按钮，如图6-58所示。

图 6-57　调整面大小

图 6-58　调整圆角大小

7) 调整倒斜角大小

类型包括对称偏置、非对称偏置、偏置和角度。这里只介绍对称偏置的创建方法。

选择"插入"｜"同步建模"｜"调整倒斜角大小"命令，弹出"调整倒斜角大小"对话框，选择需要调整的倒斜角，将"横截面"设置为"对称偏置"，将"偏置 1"设置为"10"，单击"确定"按钮，如图 6-59 所示。

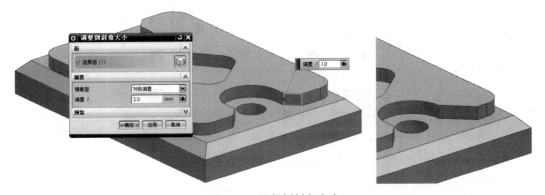

图 6-59　调整倒斜角大小

8) 删除面

选择"插入"｜"同步建模"｜"删除面"命令，弹出"删除面"对话框，选择需要删除的面 1 和面 2，单击"确定"按钮，如图 6-60 所示。

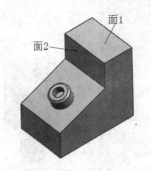

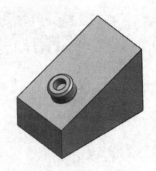

图 6-60　删除面

本 章 小 结

通过本章的学习，读者重点掌握 UG NX 8.5 软件以下命令的操作：回转、球、拉伸、凸台、阵列面、镜像特征、腔体、阵列特征、基准平面、倒斜角、边倒圆、长方体、抽壳、螺纹、基准平面、同步建模，并熟练运用这些命令完成产品的三维建模。

技能实战训练题

试根据图 6-61 和图 6-62 所示零件图的尺寸要求，完成三维实体建模。

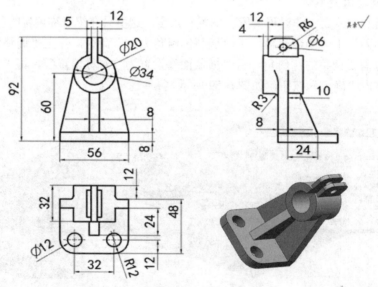

图 6-61　支承座

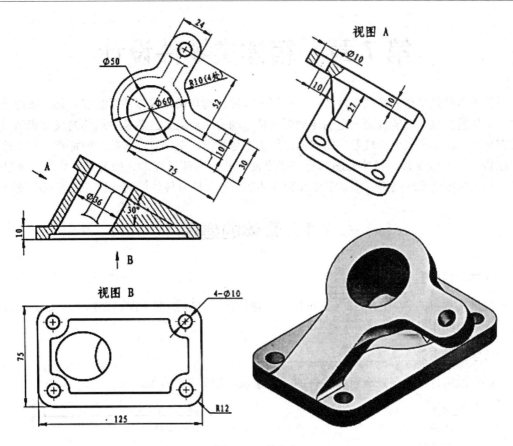

图 6-62 斜支座

第 7 章　箱体类零件设计

箱体零件是机器的基础零件之一，它将一些轴、套和齿轮等零件组装在一起，保持正确的相互位置关系，并能按照一定的传动要求传递动力和运动。虽然各种箱体的尺寸和结构形式有所不同，以及它们在机器中所起的作用也不尽相同，但仍有许多共同的特点，例如箱体的结构一般比较复杂、箱体外面都有许多平面和孔、内部呈腔形、壁薄且不均匀、刚度较低、加工精度要求较高等。本章主要介绍泵体和变速箱体零件建模的一般方法与应用技巧。

7.1　泵体的建模

【学习目标】

通过本项目的学习，熟练掌握拉伸、镜像特征、孔、基准平面、倒斜角、边倒圆等命令的应用与操作方法。

【学习重点】

综合运用各种命令完成泵体零件的三维建模，如图 7-1 所示。

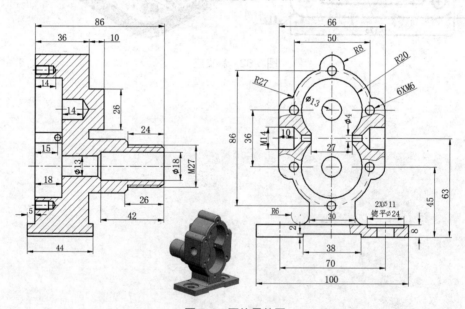

图 7-1　泵体零件图

【建模步骤】

泵体零件三维建模过程如下。

1. 新建文件

启动 UG NX 8.5 软件，新建部件文件 bengti.prt，再选择"开始"菜单中的"建模"命令，进入 UG NX 8.5 建模模块界面。

2. 绘制草图

选择“插入”｜“任务环境中的草图”菜单命令，然后选择 YC-ZC 基准平面，单击“确定”按钮，进入草绘环境，绘制草图，如图 7-2 所示。

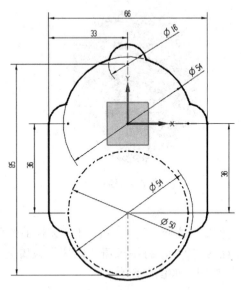

图 7-2 绘制草图 1

3. 创建拉伸

选择“拉伸”命令，弹出“拉伸”对话框，将“选择曲线”设置为上一步绘制的草图，将开始值“距离”设置为“0”，将结束值“距离”设置为“36”，将“布尔”设置为“无”，单击“确定”按钮，如图 7-3 所示。

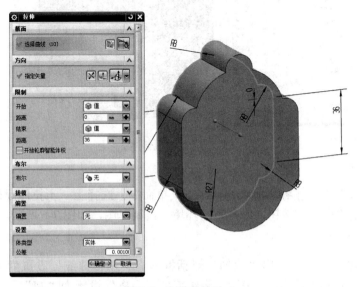

图 7-3 创建拉伸体 1

4. 绘制草图

选择"插入"|"任务环境中的草图"菜单命令，选择上一步拉伸的实体上表面为草图平面，单击"确定"按钮，进入草绘环境，绘制草图，如图 7-4 所示。

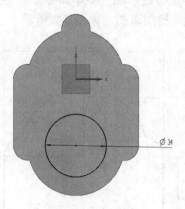

图 7-4　绘制圆 1

5. 创建拉伸

选择"拉伸"命令，弹出"拉伸"对话框，将"选择曲线"设置为上一步绘制的草图，将开始值"距离"设置为"0"，将结束值"距离"设置为"26"，将"布尔"设置为"求和"，单击"确定"按钮，如图 7-5 所示。

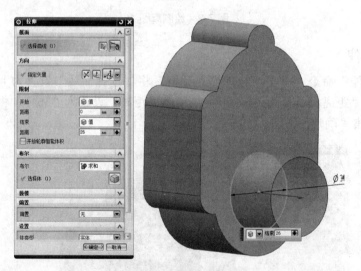

图 7-5　创建拉伸体 2

6. 绘制草图

选择"插入"|"任务环境中的草图"菜单命令，选择上一步拉伸圆柱体的上表面为草图平面，单击"确定"按钮，进入草绘环境，绘制草图，如图 7-6 所示。

7. 创建拉伸

选择"拉伸"命令，弹出"拉伸"对话框，将"选择曲线"设置为上一步绘制的草图，将开始值"距离"设置为"0"，将结束值"距离"设置为"24"，将"布尔"设置为"求和",单击"确定"按钮,如图 7-7 所示。

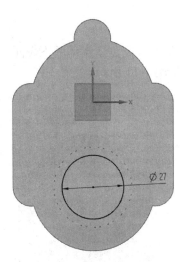

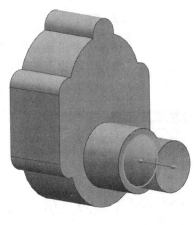

图 7-6 绘制圆 2   图 7-7 创建拉伸体 3

8. 绘制草图

选择"插入"|"任务环境中的草图"菜单命令,选择第 3 步拉伸实体的上表面为草图平面,单击"确定"按钮,进入草绘环境,绘制草图,如图 7-8 所示。

9. 创建拉伸

选择"拉伸"命令,弹出"拉伸"对话框,将"选择曲线"设置为上一步绘制的草图,将开始值"距离"设置为"0",将结束值"距离"设置为"10",将"布尔"设置为"求和",单击"确定"按钮,如图 7-9 所示。

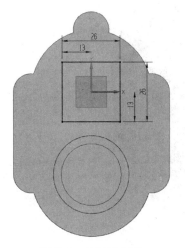

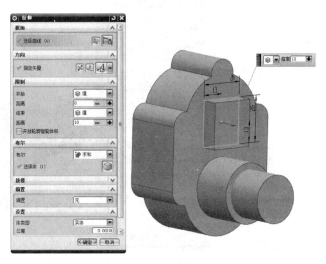

图 7-8 绘制正方形   图 7-9 创建拉伸体 4

10. 创建边倒圆

选择"边倒圆"命令，弹出"边倒圆"对话框，将"形状"设置为"圆形"，将"半径"设置为"2"，点选相应的实体边界，单击"确定"按钮，如图7-10所示。

11. 绘制草图

选择"插入"｜"任务环境中的草图"菜单命令，选择第3步所创建实体的下表面为草图平面，单击"确定"按钮，进入草绘环境，绘制草图，如图7-11所示。

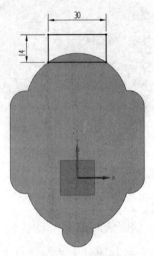

图 7-10　创建边倒圆 1　　　　　图 7-11　绘制长方形

12. 创建拉伸

选择"拉伸"命令，弹出"拉伸"对话框，将"选择曲线"设置为上一步绘制的草图，将开始值"距离"设置为"0"，将结束值"距离"设置为"36"，将"布尔"设置为"求和"，单击"确定"按钮，如图7-12所示。

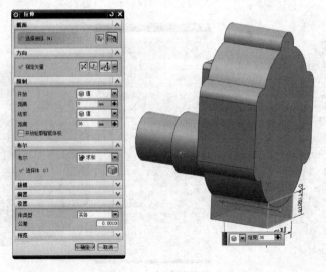

图 7-12　创建拉伸体 5

13. 绘制草图

选择"插入"｜"任务环境中的草图"菜单命令，选择第 3 步创建实体的下表面为草图平面，单击"确定"按钮，进入草绘环境，绘制草图，如图 7-13 所示。

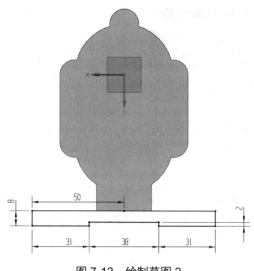

图 7-13　绘制草图 2

14. 创建拉伸

选择"拉伸"命令，弹出"拉伸"对话框，将"选择曲线"设置为上一步绘制的草图，将开始值"距离"设置为"-5"，将结束值"距离"设置为"39"，将"布尔"设置为"求和"，单击"确定"按钮，如图 7-14 所示。

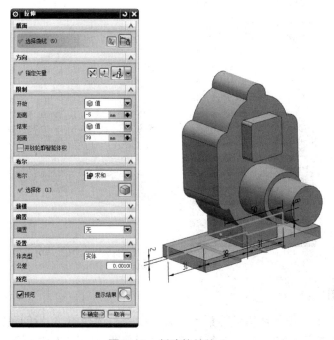

图 7-14　创建拉伸体 6

15. 创建边倒圆

选择"边倒圆"命令，弹出"边倒圆"对话框，将"形状"设置为"圆形"，将"半径"设置为"6"，点选相应的实体边界，单击"确定"按钮，如图7-15所示。

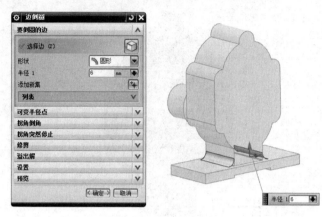

图7-15 创建边倒圆2

16. 创建两个沉头孔

选择"孔"命令，弹出"孔"对话框，将"类型"设置为"常规孔"，孔指定点在底座上，将"成形"设置为"沉头"，将"沉头直径"设置为"24"，将"沉头深度"设置为"3"，将"直径"设置为"11"，将"深度限制"设置为"贯通体"，将"布尔"设置为"求差"，单击"确定"按钮，如图7-16所示。

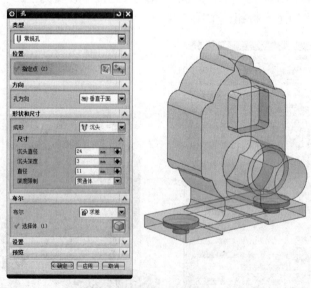

图7-16 创建沉头孔

17. 绘制草图

选择"插入"｜"任务环境中的草图"菜单命令，选择第3步创建实体的下表面为草图平面，单击"确定"按钮，进入草绘环境，绘制草图，如图7-17所示。

18. 创建拉伸

选择"拉伸"菜单命令，弹出"拉伸"对话框，将"选择曲线"设置为上一步绘制的草图，将开始值"距离"设置为"0"，将结束值"距离"设置为"18"，将"布尔"设置为"求差"，单击"确定"按钮，如图 7-18 所示。

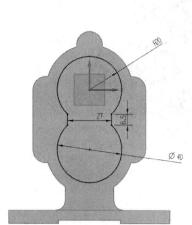

图 7-17　绘制草图 3

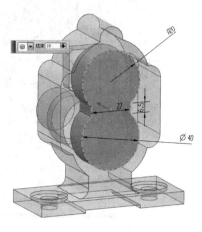

图 7-18　创建拉伸体 7

19. 创建孔

(1) 选择"孔"命令，弹出"孔"对话框，将"类型"设置为"常规孔"，将"成形"设置为"简单"，将"直径"设置为"13"，将"深度"设置为"14"，将"顶锥角"设置为"118"，将"布尔"设置为"求差"，单击"确定"按钮，如图 7-19 所示。

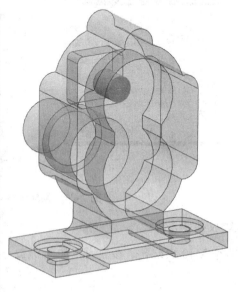

图 7-19　创建孔 1

(2) 同理，创建一个沉头孔，参数设置如图 7-20 所示。

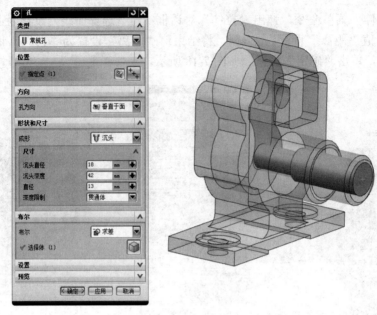

图 7-20　创建沉头孔

20. 创建倒斜角

选择"倒斜角"命令，弹出"倒斜角"对话框，将"横截面"设置为"对称"，将"距离"设置为"2"，点选相应的实体边界，单击"确定"按钮，如图 7-21 所示。

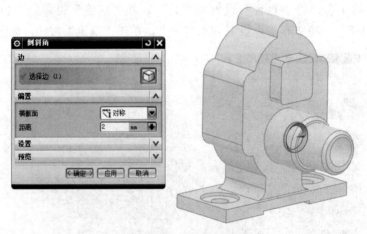

图 7-21　创建倒斜角

21. 创建螺纹孔

(1) 创建六个 M10 螺纹孔，参数设置如图 7-22 所示。

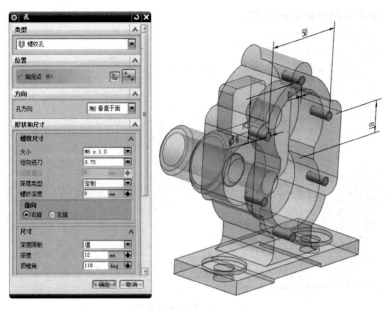

图 7-22　创建螺纹孔 1

(2) 同理，创建泵体侧壁 ϕ4 孔，参数设置如图 7-23 所示。

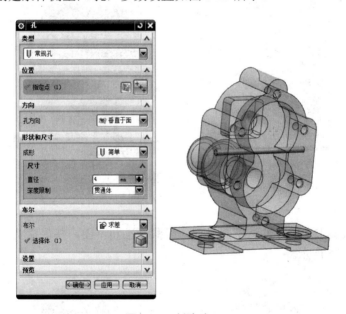

图 7-23　创建孔 2

(3) 同理，创建泵体侧壁 M14 螺纹孔，参数设置如图 7-24 所示。

22. 创建基准平面

选择"插入"|"基准/点"|"基准平面"菜单命令，将"类型"设置为"二等分"，分别选择泵体两侧壁，生成两平面的中分平面，如图 7-25 所示。

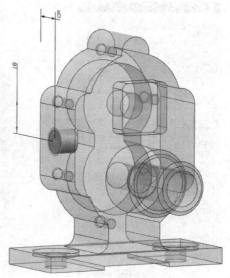

图 7-24　创建螺纹孔 2

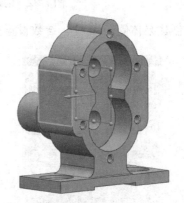

图 7-25　创建基准平面 1

23. 保存文件

按零件图纸要求完成零件边倒圆操作,隐藏基准和草图,并保存文件,完成泵体零件的建模,如图 7-26 所示。

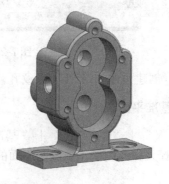

图 7-26　泵体零件三维实体图

【知识点引入】

完成泵体零件三维建模需要掌握以下知识。

1. 拔模

拔模可以生成带有拔模斜度的表面，被广泛应用于模具中，其类型包括从平面或曲面、从边、与多个面相切、至分型边四种方式。下面分别对这四种类型拔模的创建方法进行介绍。

1）从平面或曲面

选择"插入"｜"细节特征"｜"拔模"命令，弹出"拔模"对话框，将"类型"设置为"从平面或曲面"，指定"脱模方向"，"拔模参考"选择"固定面"(固定面为开始拔模的面)，选择圆柱底面为固定面，"要拔模的面"选择圆柱面，设置拔模"角度"，单击"确定"按钮，如图 7-27 所示。

图 7-27　"拔模"对话框中的"从平面或曲面"类型

2）从边

选择"插入"｜"细节特征"｜"拔模"命令，弹出"拔模"对话框，将"类型"设置为"从边"，指定"脱模方向"，选择"固定边"(开始拔模的边)，设置拔模"角度"，单击"确定"按钮，如图 7-28 所示。

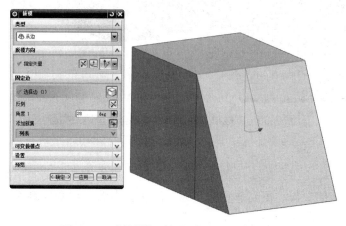

图 7-28　"拔模"对话框中的"从边"类型

3) 与多个面相切

选择"插入"｜"细节特征"｜"拔模"命令，弹出"拔模"对话框，将"类型"设置为"与多个面相切"，指定"脱模方向"，"相切面"选择与圆弧面相切的平面，设置拔模"角度"，单击"确定"按钮，如图 7-29 所示。

图 7-29　"拔模"对话框中的"与多个面相切"类型

4) 至分型边

选择"插入"｜"细节特征"｜"拔模"命令，弹出"拔模"对话框，将"类型"设置为"至分型边"，指定"脱模方向"，选择"固定面"(拔模开始的平面)，选择"分型边"，设置拔模"角度"，单击"确定"按钮，如图 7-30 所示。

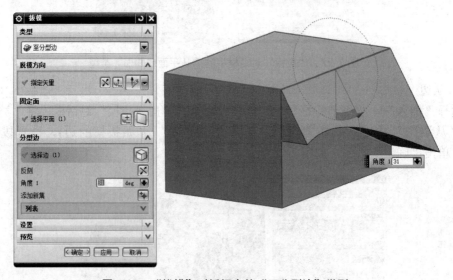

图 7-30　"拔模"对话框中的"至分型边"类型

2. 拆分体

拆分体是对目标实体使用实体表面、基准平面、片体或者定义的平面进行分割，它会删除实体原有的全部参数，得到非参数实体。因实体中的参数全部删除，工程图中含有的剖视图信息也会丢失。

选择"插入"｜"修剪"｜"拆分体"命令，弹出"拆分体"对话框，如图 7-31 所示。

选择需要拆分的目标体，然后选择拆分所用的工具面或基准平面，单击"确定"按钮，完成拆分体操作。

3. 修剪片体

修剪片体是选择若干曲线、曲面或者基准平面为边界，对指定的曲面进行修剪，形成新的曲面边界。所选择的边界可以是即将进行裁剪的曲面上，也可以是在曲面之外，通过指定投影的方向来确定裁剪的边界。

选择"插入"｜"修剪"｜"修剪片体"命令，弹出"修剪片体"对话框，如图 7-32 所示。

图 7-31　"拆分体"对话框

图 7-32　"修剪片体"对话框

投影方向应从边界指向目标曲面。需要注意的是，边界投影到目标片体上所得到的投影线必须是封闭的或者超出片体的边缘。可选项包括"垂直于面""垂直于曲线平面"及"沿矢量"三种方式，使用不同的投影方向所产生的结果也有所不同，如图 7-33 所示为分别选择不同的投影方向所产生的结果。

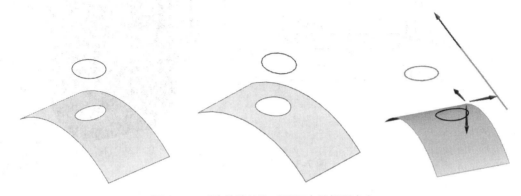

图 7-33　"修剪片体"对话框中的投影方向

7.2 变速箱体的建模

【学习目标】

通过本项目的学习，熟练掌握拉伸、基准平面、镜像特征、倒斜角、边倒圆、螺纹、孔等命令的应用与操作方法。

【学习重点】

综合运用各种命令完成变速箱体零件的三维建模，如图 7-34 所示。

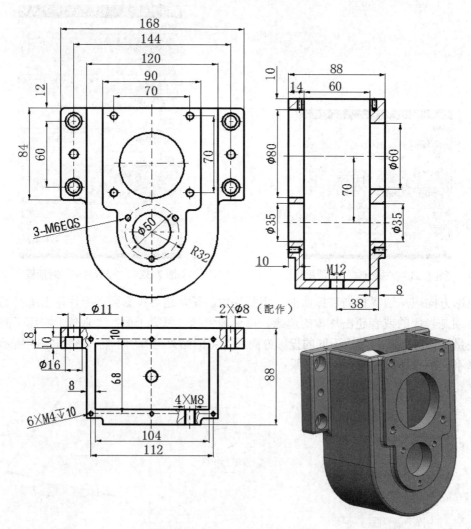

图 7-34 变速箱体零件图

【建模步骤】

变速箱体零件三维建模过程如下。

1. 新建文件

启动 UG NX 8.5 软件，新建部件文件 biansuxiangti.prt，再选择"开始"菜单中的"建模"命令，进入 UG NX 8.5 建模模块界面。

2. 绘制草图

选择"插入"｜"任务环境中的草图"菜单命令，然后选择 YC-ZC 基准平面，单击"确定"按钮，进入草绘环境，绘制草图，如图 7-35 所示。

3. 创建拉伸

选择"拉伸"命令，弹出"拉伸"对话框，将"选择曲线"设置为上一步绘制的草图，将开始值"距离"设置为"0"，将结束值"距离"设置为"76"，将"布尔"设置为"无"，单击"确定"按钮。

4. 创建基准平面

选择"插入"｜"基准/点"｜"基准平面"菜单命令，将"类型"设置为"二等分"，分别选择上一步创建的拉伸体的上下表面，单击"确定"按钮，生成中分平面，如图 7-36 所示。

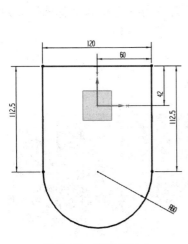

图 7-35　绘制草图 4　　　　　　　　　图 7-36　创建基准平面 2

5. 绘制草图

选择"插入"｜"任务环境中的草图"菜单命令，然后选择刚拉伸完的实体上表面为草绘平面，单击"确定"按钮，进入草绘环境，绘制草图，如图 7-37 所示。

6. 创建拉伸

选择"拉伸"命令，弹出"拉伸"对话框，将"选择曲线"设置为上一步绘制的草图，将开始值"距离"设置为"0"，将结束值"距离"设置为"6"，将"布尔"设置为"无"，单击"确定"按钮，如图 7-38 所示。

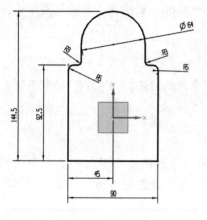

图 7-37　绘制草图 5

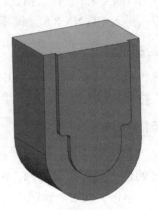

图 7-38　创建拉伸体 8

7. 镜像特征

选择"镜像特征"命令，选择上一步创建的拉伸特征，镜像平面类型为现有平面，选择第 4 步创建的基准平面，单击"确定"按钮，完成镜像特征的创建，如图 7-39 所示。

8. 绘制草图

选择"插入"｜"任务环境中的草图"菜单命令，选择第 3 步创建的拉伸体的侧面为草图平面，单击"确定"按钮，进入草绘环境，绘制草图，如图 7-40 所示。

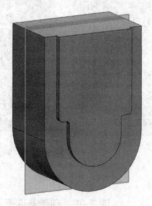

图 7-39　镜像特征

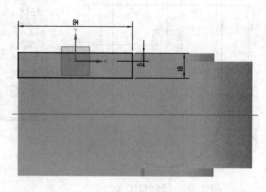

图 7-40　绘制矩形

9. 创建拉伸

选择"拉伸"命令，弹出"拉伸"对话框，将"选择曲线"设置为上一步绘制的草图，将开始值"距离"设置为"-24"，将结束值"距离"设置为"144"，将"布尔"设置为

"求和",单击"确定"按钮,如图 7-41 所示。

10. 绘制草图

选择"插入"|"任务环境中的草图"菜单命令,选择第 4 步创建的基准平面为草图平面,单击"确定"按钮,进入草绘环境,绘制草图,如图 7-42 所示。

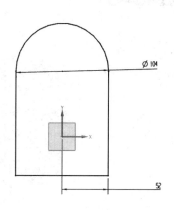

图 7-41 创建拉伸体 9   图 7-42 绘制草图 6

11. 创建拉伸

选择"拉伸"命令,弹出"拉伸"对话框,将"选择曲线"设置为上一步绘制的草图,将"结束"设置为"对称值",将"距离"设置为"30",将"布尔"设置为"求差",单击"确定"按钮,如图 7-43 所示。

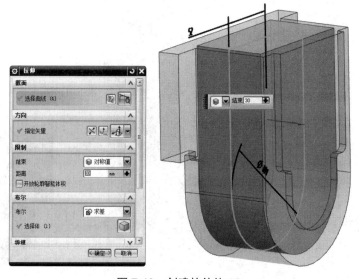

图 7-43 创建拉伸体 10

12. 创建孔

(1) 选择"孔"命令，弹出"孔"对话框，将"类型"设置为"常规孔"，孔指定点在第 9 步绘制的拉伸特征上，将"成形"设置为"沉头"，将"沉头直径"设置为"16"，将"沉头深度"设置为"10"，将"直径"设置为"11"，将"深度限制"设置为"贯通体"，将"布尔"设置为"求差"，如图 7-44 所示。

(2) 同理，创建两个 $\phi 8$ 孔，参数设置如图 7-45 所示。

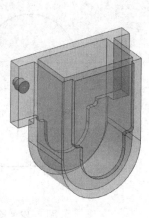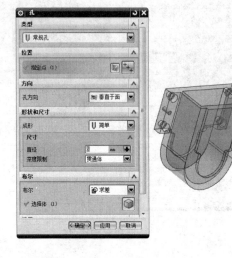

图 7-44　创建沉头孔　　　　　　　　　　　图 7-45　创建 $\phi 8$ 孔

(3) 同理，创建六个 M4 螺纹孔，参数设置如图 7-46 所示。

(4) 同理，创建箱体左侧面 $\phi 80$ 孔及箱体右侧面 $\phi 60$ 孔，完成实体如图 7-47 所示。

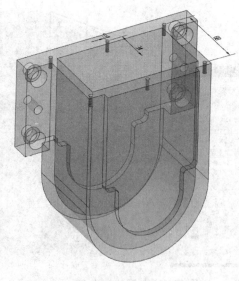

图 7-46　创建螺纹孔 2　　　　　　　　　　图 7-47　创建 $\phi 80$ 和 $\phi 60$ 孔

(5) 同理，创建箱体右侧面 ϕ60 孔周围四个 M8 螺纹孔，参数设置如图 7-48 所示。

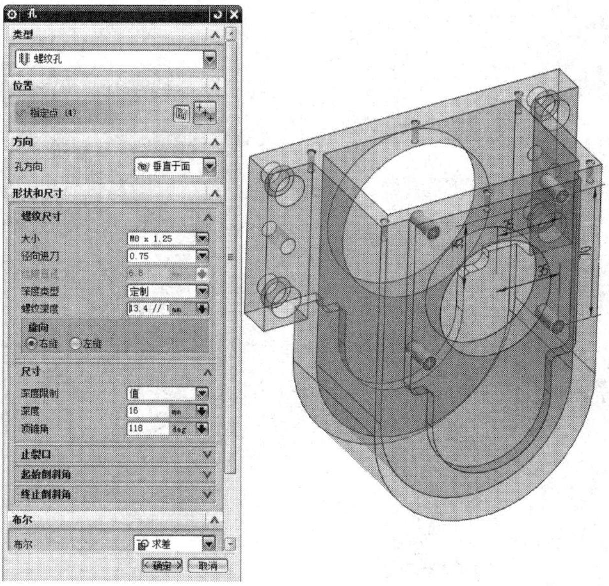

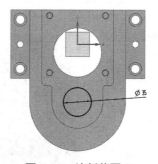

图 7-48　创建螺纹孔 3

13. 绘制草图

选择"插入"｜"任务环境中的草图"菜单命令，选择箱体零件的右侧面作为草图平面，单击"确定"按钮，进入草绘环境，绘制草图，如图 7-49 所示。

图 7-49　绘制草图 7

14. 创建拉伸

选择"拉伸"命令，弹出"拉伸"对话框，将"选择曲线"设置为上一步绘制的草图，将"结束"设置为"贯通"，将"布尔"设置为"求差"，单击"确定"按钮。

15. 创建 M6 螺纹孔

选择"孔"命令，创建 ϕ35 孔周围三个 M6 螺纹孔，参数设置如图 7-50 所示。

16. 镜像特征

选择"镜像特征"命令，选择上一步创建的螺纹孔特征，镜像平面类型设置为现有平面，选择第 4 步创建的基准平面，单击"确定"按钮，完成镜像特征的创建。

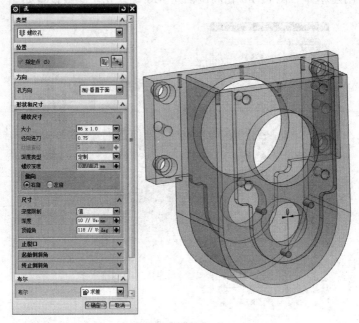

图 7-50　创建螺纹孔 4

17. 创建基准平面

选择"插入"｜"基准/点"｜"基准平面"菜单命令，将"类型"设置为"相切"，选择圆弧面，"参考几何体"选择圆弧的象限点，单击"确定"按钮，如图 7-51 所示。

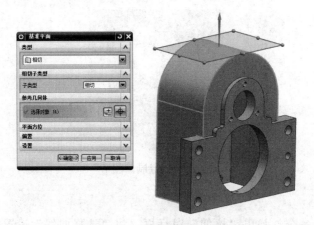

图 7-51　创建基准平面 3

18. 创建 M12 螺纹孔

选择"孔"命令，创建一个 M12 螺纹孔，参数设置如图 7-52 所示。

19. 保存文件

按图纸要求完成该零件所有倒角，隐藏基准和草图，并保存文件，完成变速箱体零件的建模，如图 7-53 所示。

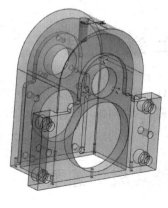

图 7-52　创建螺纹孔 5

图 7-53　变速箱体零件三维实体图

【知识点引入】

完成变速箱体零件三维建模需要掌握以下知识。

1. 修剪和延伸

修剪和延伸主要应用于曲面之间的修剪，其类型包括按距离、已测量百分比、直至选定、制作拐角四种方式。当选择"按距离"与"已测量百分比"类型时，只能对片体进行操作。

选择"插入"｜"修剪"｜"修剪和延伸"命令，会弹出"修剪和延伸"对话框，如图 7-54 所示。

2. 分割面

分割面主要用于按指定的曲线对曲面进行分割。

选择"插入"｜"修剪"｜"分割面"命令，弹出"分割面"对话框，如图 7-55 所示。

图 7-54　"修剪和延伸"对话框

图 7-55　"分割面"对话框

其中的设置选项可对分割结果进行相应的设置。需注意分割面同修剪片体的区别：分割面只是将需要分割的曲面分割成了几部分；修剪片体则是将需要修建的片体部分去掉，修剪完成后目标体仍是一个片体。

本 章 小 结

通过本章的学习，读者重点掌握 UG NX 8.5 软件以下命令的操作：拉伸、镜像特征、孔、基准平面、倒斜角、边倒圆、拔模、拆分体、修剪片体、修剪和延伸、分割面，并熟练运用这些命令完成产品的三维建模。

技能实战训练题

试根据图 7-56 和图 7-57 所示零件图的尺寸要求，完成三维实体建模。

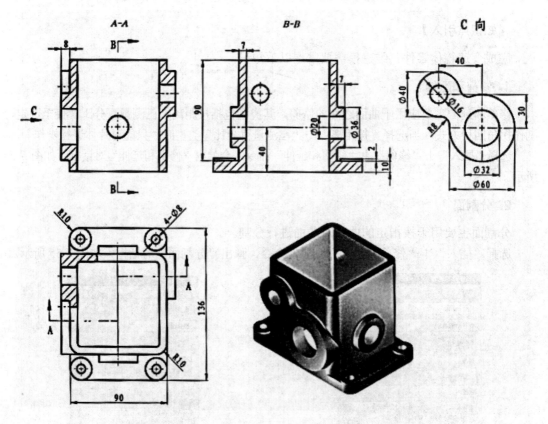

图 7-56　交叉轴箱体

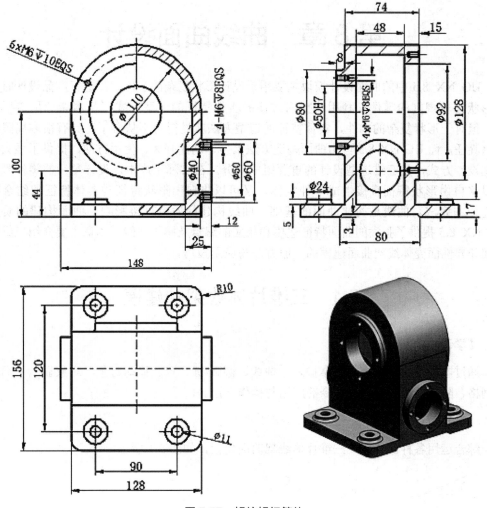

图 7-57　蜗轮蜗杆箱体

第8章 曲线曲面设计

UG NX 8.5 中的曲面设计模块主要用于设计形状复杂的零件。在进行产品设计时，对于形状比较规则的零件，利用快捷而方便的实体特征的造型方式，基本能满足造型的需要。但对于形状复杂的零件，实体特征的造型方法就显得力不从心了，具有很多局限性，难以胜任，而 UG NX 8.5 自由曲面构造方法繁多、功能强大、使用方便，提供了强大的弹性化设计方式，是三维造型设计的重要组成部分。在实际生产中，设计复杂的零件时，既可以将自由形状特征直接生成零件实体，又可以将自由形状特征与实体特征相结合在三维建模中完成。曲线是构建曲面的基础，曲线构建的质量直接影响到曲面构建的质量。UG NX 8.5 提供了强大的曲面特征建模和相应的编辑及操作功能。本章主要介绍三维片体线架和异性面壳体线架曲面建模的一般方法与应用技巧。

8.1 三维片体线架的建模

【学习目标】

通过本项目的学习，熟练掌握基本曲线、圆弧/圆、点、移动对象、对象显示、通过曲线网格、阵列特征、缝合等命令的应用与操作方法。

【学习重点】

综合运用各种命令完成三维片体线架曲面建模，如图 8-1 所示。

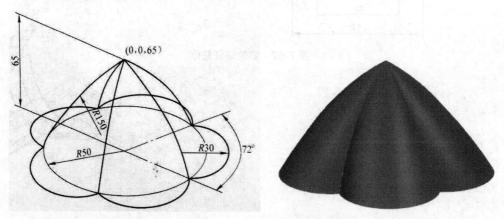

图 8-1 三维片体线架图

【建模步骤】

三维片体线架曲面建模过程如下。

1. 新建文件

启动 UG NX 8.5 软件，新建部件文件 sanweipiantixianjia.prt，再选择"开始"菜单中

的"建模"命令，进入 UG NX 8.5 建模模块界面。

2. 创建 R50 圆

选择"插入"｜"曲线"｜"基本曲线"｜"圆"命令，在跟踪条中将圆心坐标设置为(0，0，0)，将半径设置为"50"，按 Enter 键，如图 8-2 所示。

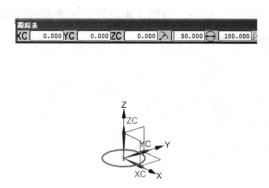

图 8-2　绘制圆

3. 绘制直线

选择"插入"｜"曲线"｜"基本曲线"｜"直线"命令，捕捉原点后，"平行于"选择 XC 选项，单击鼠标左键，再单击鼠标中键；继续捕捉原点后，在跟踪条中将角度设置为"72"，按 Enter 键，如图 8-3 所示。

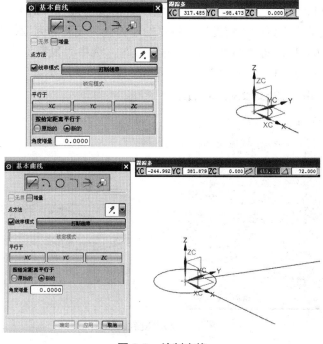

图 8-3　绘制直线

4. 绘制 R30 圆弧

选择"插入"│"曲线"│"圆弧/圆"命令，分别捕捉 R50 圆与两条直线的交点，将"半径"设置为"30"，按 Enter 键，如图 8-4 所示。

5. 隐藏直线

选择"隐藏"命令，将第 3 步绘制的两条直线隐藏，如图 8-5 所示。

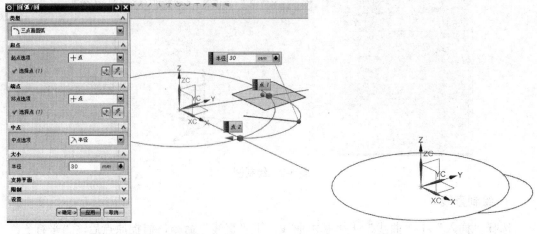

图 8-4　绘制圆弧 1　　　　　　　　　　　　　　　图 8-5　隐藏直线

6. 移动复制

选择"移动对象"命令，弹出"移动对象"对话框，选择"对象"为第 4 步创建的 R30 圆弧，将"运动"设置为"角度"，将"指定矢量"设置为为 ZC 轴方向，将"指定轴点"设置为(0，0，0)，将"角度"设置为"72"，选中"复制原先的"单选按钮，将"非关联副本"设置为"4"，单击"确定"按钮，如图 8-6 所示。

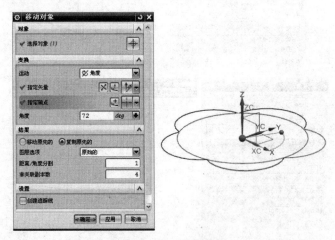

图 8-6　移动复制圆弧

7. 绘制点

选择"插入"│"基准/点"│"点"命令，弹出"点"对话框，将点坐标设置为

(0，0，65)，单击"确定"按钮，如图 8-7 所示。

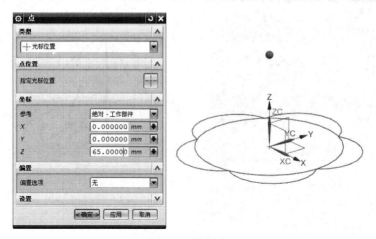

图 8-7 绘制点

8. 绘制 R150 圆弧

选择"插入"｜"曲线"｜"圆弧/圆"命令，弹出"圆弧/圆"对话框，"起点"下的"选择点"捕捉(0，0，65)点，"终点选项"捕捉两曲线交点，将"半径"设置为"150"，再选择"补弧"和"备选解"调整圆弧，单击"确定"按钮，如图 8-8 所示。

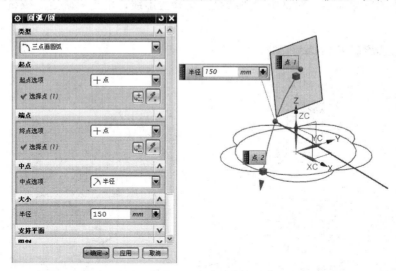

图 8-8 绘制圆弧 2

9. 移动复制

选择"移动对象"命令，弹出"移动对象"对话框，选择对象为上一步创建的 R150 圆弧，将"运动"设置为"角度"，将"指定矢量"设置为 ZC 轴方向，将"指定点"设置为(0，0，0)，将"角度"设置为"72"，选中"复制原先的"单选按钮，将"非关联副本数"设置为"4"，单击"确定"按钮，如图 8-9 所示。

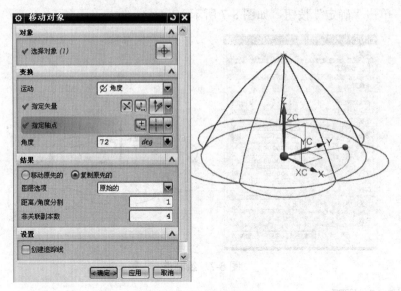

图 8-9　移动复制圆弧

10. 改变对象属性

选择"对象属性"命令,弹出"类选择"对话框,选取 R50 圆曲线,单击"确定"按钮,弹出"编辑对象显示"对话框,"线型"选择为虚线,单击"确定"按钮,如图 8-10所示。

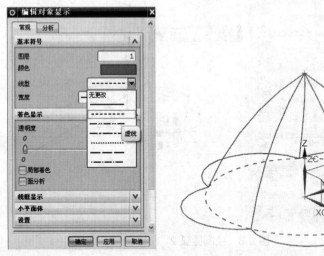

图 8-10　对象显示

11. 创建曲面

选择"通过曲线网格"命令,弹出"通过曲线网格"对话框。选择主曲线的方法是:选取主曲线 1,单击鼠标中键,当曲线一端出现箭头时,再选取主曲线 2,并单击鼠标中键两下;选择交叉曲线的方法是:选取交叉曲线 1,单击鼠标中键,当曲线一端出现箭头时,再选取交叉曲线 2,单击"确定"按钮,如图 8-11 所示。

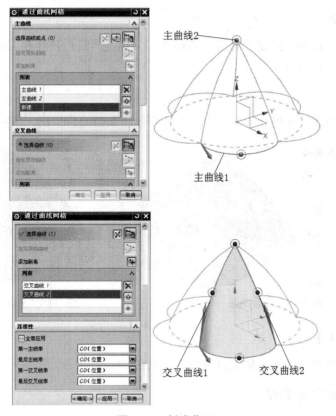

图 8-11 创建曲面

12. 阵列曲面

选择"阵列特征"命令，弹出"阵列特征"对话框，将"选择特征"设置为第 11 步创建的曲面，将"布局"设置为"圆形"，将"指定矢量"设置为 ZC 轴方向，将"指定点"设置为(0，0，0)，将"间距"设置为"数量和节距"，将"数量"设置为"5"，将"节距角"设置为"72"，单击"确定"按钮，如图 8-12 所示。

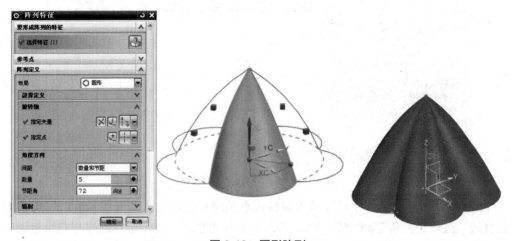

图 8-12 圆形阵列

13. 缝合曲面

选择"缝合"命令，弹出"缝合"对话框，分别选择目标片体和工具片体，单击"确定"按钮，如图 8-13 所示。

14. 保存文件

隐藏基准和曲线，并保存文件，完成三维片体线架曲面的建模，如图 8-14 所示。

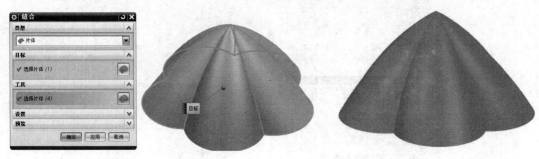

图 8-13　缝合曲面　　　　　　　　　　图 8-14　三维片体线架曲面图

【知识点引入】

完成三维片体线架曲面建模需要掌握以下知识。

1. "基本曲线"对话框

"基本曲线"对话框中包括直线、圆弧、圆、倒圆角、修剪曲线、编辑曲线参数等功能，下面具体阐述。

选择"插入"｜"曲线"｜"基本曲线"命令，弹出"基本曲线"对话框，如图 8-15 所示。其中各按钮功能如下。

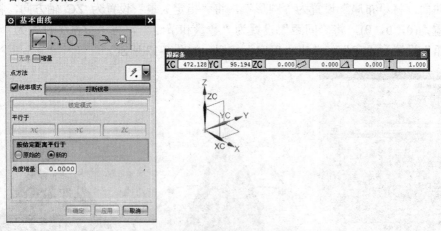

图 8-15　"基本曲线"对话框

(1) 直线：在对话框中可以输入直线端点的坐标值或输入角度和长度；以增量方式绘制直线；过一个点创建与 XC、YC、ZC 轴平行的直线；过一个点创建与曲线相切或垂直的直线；创建与一曲线相切，又与另一曲线相切或垂直的直线；创建夹角的角平分线；

创建两条平行直线的中线；过一点创建表面的法线。

(2) 圆弧 ⌒：按起点、中点、弧上一点方式画圆弧；按圆心、起点、终点方式画圆弧；画与曲线相切的圆弧；画与直线相切的圆弧。

(3) 圆 ○：通过圆心、圆上一点画圆；通过圆心、半径或直径画圆。

(4) 倒圆角 ⌐：简单倒圆角 ⌐ 用于在两共面但不平行的直线间倒角；曲线圆角 ⌐ 要输入圆角半径，先选择第一条曲线，然后选择第二条曲线，再设定一个大致的圆心位置；曲线圆角 ⊃ 要先选择第一条曲线，再选择第二条删除曲线，最后选择第三条曲线，如图 8-16 所示。

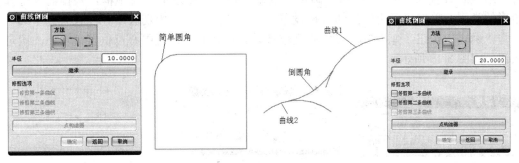

图 8-16　绘制曲线倒圆

(5) 修剪曲线 ⌐：打开"修剪曲线"对话框，依据系统提示选取要修剪的曲线及边界线，设置修剪参数以完成操作，如图 8-17 所示。

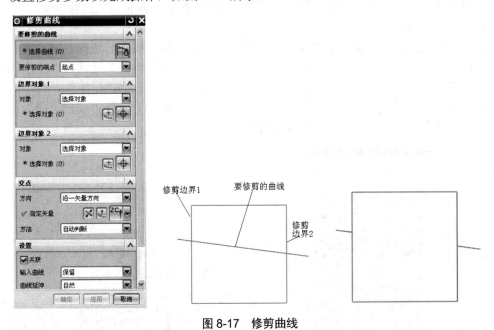

图 8-17　修剪曲线

2. 矩形

选择"插入"|"曲线"|"矩形"命令，弹出"点"对话框，输入第一个点坐标值，再输入第二个点坐标值，单击鼠标左键，利用两个对角来创建矩形，如图 8-18 所示。

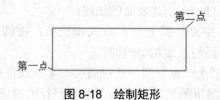

图 8-18　绘制矩形

3. 多边形

选择"插入"｜"曲线"｜"多边形"命令，弹出"多边形"对话框，设置边数，如将"边数"设置为"6"，单击"确定"按钮，弹出"多边形"对话框，根据需要选择多边形的类型，单击"确定"按钮，再设置相关参数，如将"内切圆半径"设置为"50"，单击"确定"按钮，弹出多边形中心点位置设置对话框，设置中心点位置，单击"确定"按钮，如图 8-19 所示。

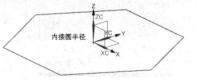

图 8-19　"多边形"对话框

4. 螺旋线

下面主要介绍固定半径螺旋线和线性规律可变半径螺旋线两种方式创建方法。

1）固定半径螺旋线

选择"插入"｜"曲线"｜"螺旋线"命令，弹出"螺旋线"对话框，将"类型"设置为"沿矢量"，将"指定 CSYS"设置为 WCS，将"规律类型"设置为"恒定"，将"值"设置为"50"，将"螺距"选项组中的"规律类型"设置为"恒定"，将"值"设置"3"，将"方法"设置为"圈数"，将"圈数"设置为"5"，将"旋转方向"设置为"右手"，单击"确定"按钮，如图 8-20 所示。

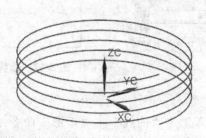

图 8-20　固定半径螺旋线

2) 线性规律可变半径螺旋线

选择"插入"|"曲线"|"螺旋线"命令，弹出"螺旋线"对话框，将"类型"设置为"沿矢量"，将"指定 CSYS"设置为 WCS，将"规律类型"设置为"线性"，将"起始值"设置为"5"，将"终止值"设置为"30"，将"螺距"选项组中的"规律类型"设置为"恒定"，将"值"设置为"5"，将"方法"设置为"圈数"，将"圈数"设置为"6"，将"旋转方向"设置为右手，单击"确定"按钮，如图 8-21 所示。

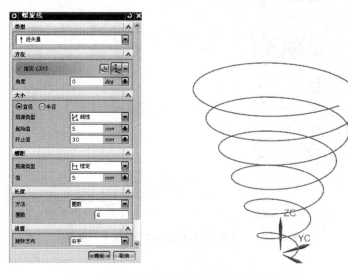

图 8-21 线性规律可变半径螺旋线

5. 文本

文本类型包括平面副、曲线上和面上三种方式。下面介绍平面副和曲线上两种类型。

1) 平面副

选择"插入"|"曲线"|"文本"命令，弹出"文本"对话框，将"类型"设置为"平面副"，选择定位锚点起点，将"文本属性"设置为"数控技术"，单击"确定"按钮，如图 8-22 所示。

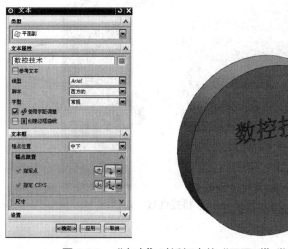

图 8-22 "文本"对话框中的"平面副"类型

2) 曲线上

选择"插入"|"曲线"|"文本"命令，弹出"文本"对话框，将"类型"设置为"曲线上"，选择文本需要遵循的曲线，将"文本属性"设置为"包头职业技术学院"，单击"确定"按钮，如图8-23所示。

图8-23 "文本"对话框中的"曲线上"类型

6. 桥接

选择"插入"|"来自曲线集的曲线"|"桥接"命令，弹出"桥接曲线"对话框，分别选择起始对象和终止对象，在"连接性"栏下的"开始"选项卡中将"连续性"设置为"G1(相切)"，在"结束"选项卡中将"连续性"设置为"G1(相切)"，单击"确定"按钮，如图8-24所示。

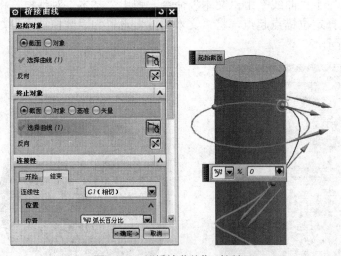

图8-24 "桥接曲线"对话框

7. 连结

选择"插入"|"来自曲线集的曲线"|"连结"命令，弹出"连结曲线"对话框，

选择需要连结的曲线，单击"确定"按钮，弹出"连结曲线产生的拐角。您要继续吗？"提示对话框，单击"确定"按钮，如图 8-25 所示。

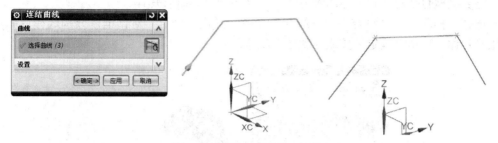

图 8-25　"连结曲线"对话框

8. 投影

选择"插入"｜"来自曲线集的曲线"｜"投影"命令，弹出"投影曲线"对话框，将"选择曲线或点"设置为六边形，再指定投影平面，将"投影方向"设置为"沿面的法向"，单击"确定"按钮，如图 8-26 所示。

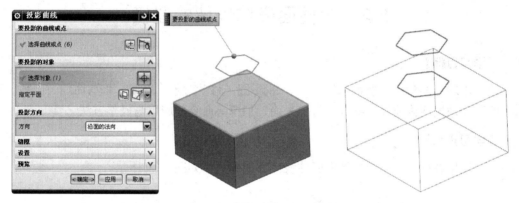

图 8-26　"投影曲线"对话框

9. 镜像曲线

选择"插入"｜"来自曲线集的曲线"｜"镜像曲线"命令，弹出"镜像曲线"对话框，将"选择曲线"设置为六边形，将"选择平面"设置为 XC-ZC 基准平面，单击"确定"按钮，如图 8-27 所示。

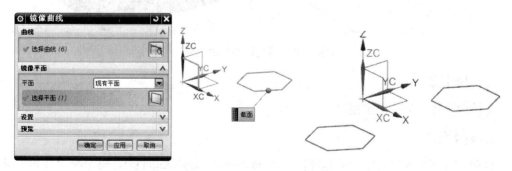

图 8-27　"镜像曲线"对话框

10. 缝合

缝合类型包括片体和实体两种方式。下面主要介绍缝合片体。

选择"插入"｜"组合"｜"缝合"命令，弹出"缝合"对话框，分别选择目标片体和工具片体，单击"确定"按钮，如图 8-28 所示。

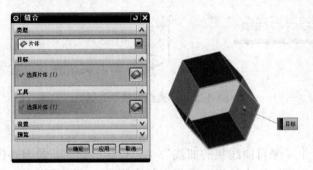

图 8-28 "缝合"对话框

8.2 异性面壳体线架的建模

【学习目标】

通过本项目的学习，熟练掌握矩形、圆弧/圆、移动对象、直线、修剪曲线、圆角、连结、隐藏、通过网格曲线、缝合、有界平面、加厚等命令的应用与操作方法。

【学习重点】

综合运用各种命令完成异性面壳体线架曲面建模，如图 8-29 所示。

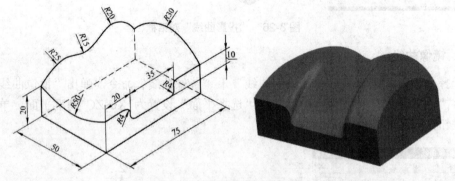

图 8-29 异性面壳体线架图

【建模步骤】

异性面壳体线架曲面建模过程如下。

1. 新建文件

启动 UG NX 8.5 软件，新建部件文件 yixingmianketixianjia.prt，再选择"开始"菜单中的"建模"命令，进入 UG NX 8.5 建模模块界面。

2. 绘制矩形

选择"插入"|"曲线"|"矩形"命令，在"点"对话框里输入矩形的第一个点坐标(0，0，0)，单击"确定"按钮，再输入矩形的第二个点坐标(50，75，0)，单击"确定"按钮，如图 8-30 所示。

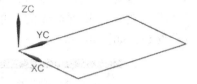

图 8-30　绘制矩形

3. 移动矩形

选择"移动对象"命令，弹出"移动对象"对话框，将"选择对象"设置为上一步创建的矩形，将"运动"设置为"距离"，将"指定矢量"设置为 ZC 轴方向，将"距离"设置为"20"，选中"复制原先的"单选按钮，将"非关联副本数"设置为"1"，单击"确定"按钮，如图 8-31 所示。

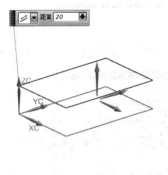

图 8-31　移动矩形

4. 绘制直线

选择"插入"|"曲线"|"直线"命令，分别将上、下两个矩形的顶点用直线连接，如图 8-32 所示。

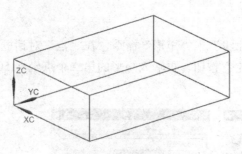

图 8-32　绘制直线 1

5. 创建右侧面曲线

(1) 选择"移动对象"命令，弹出"移动对象"对话框，将"选择对象"设置为直线，将"运动"设置为"距离"，将"指定矢量"设置为 YC 轴方向，将"距离"设置为"20"，选中"复制原先的"单选按钮，将"非关联副本数"设置为"1"，单击"确定"按钮，如图 8-33 所示。

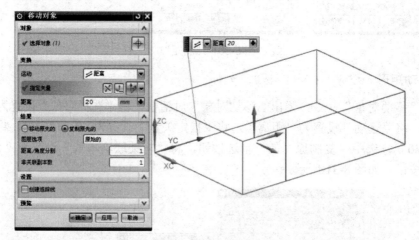

图 8-33　绘制直线 2

(2) 同理，绘制另一条直线，如图 8-34 所示。

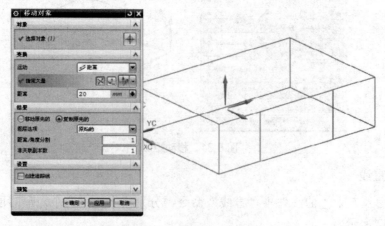

图 8-34　绘制另一条直线

6. 修剪曲线

选择"插入"｜"曲线"｜"基本曲线"｜"修剪"命令，分别拾取需要修剪的直线和边界线，如图 8-35 所示。

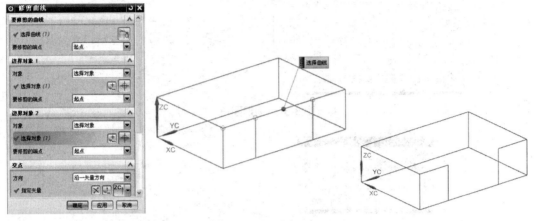

图 8-35　修剪曲线

7. 绘制直线

选择"插入"｜"曲线"｜"直线"命令，分别捕捉两直线中点，单击"确定"按钮，如图 8-36 所示。

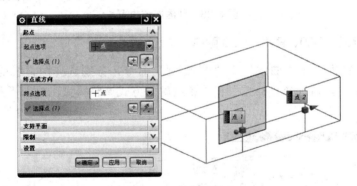

图 8-36　绘制直线 3

8. 创建 R4 圆角

选择"插入"｜"曲线"｜"基本曲线"｜"圆角"命令，弹出"曲线倒圆"对话框，选择"简单圆角"选项，将"半径"设置为"4"，使用鼠标分别点选需要过渡的四个角内侧，如图 8-37 所示。

9. 创建连结曲线

选择"连结"菜单命令，将右侧面曲线连接成一条样条曲线，如图 8-38 所示。

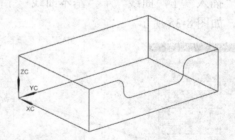

图 8-37　创建圆角

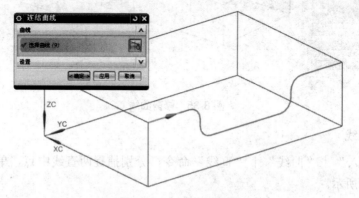

图 8-38　创建连结曲线

10. 创建 R50、R30、R25、R20 圆弧

(1) 选择"插入"｜"曲线"｜"圆弧/圆"命令，分别选择两直线的端点，将"半径"设置为"50"，再选择"补弧"和"备选解"方式调整圆弧，单击"确定"按钮，如图 8-39 所示。

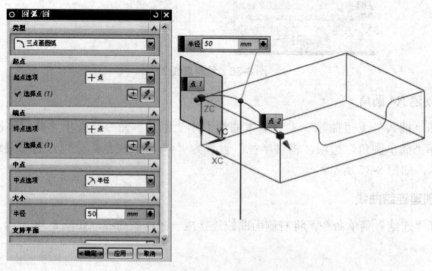

图 8-39　绘制圆弧 3

(2) 同理，创建 R30、R25、R20 圆弧，如图 8-40 所示。

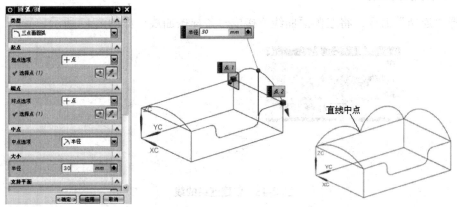

图 8-40　绘制圆弧 4

11. 隐藏曲线

选择"隐藏"命令，隐藏三条曲线，如图 8-41 所示。

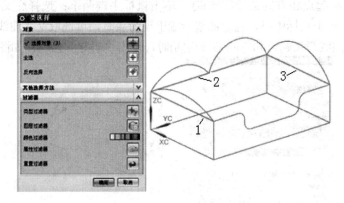

图 8-41　隐藏曲线

12. 创建 R15 圆弧

选择"插入"｜"曲线"｜"基本曲线"｜"圆角"命令，弹出"曲线倒圆"对话框，选择"曲线圆角"选项，将"半径"设置为"15"，分别拾取 R25 和 R20 圆弧，再选中圆心位置，如图 8-42 所示。

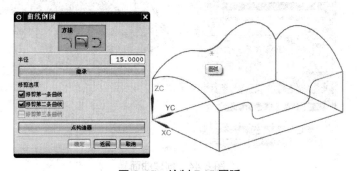

图 8-42　绘制 R15 圆弧

13. 创建连结曲线

选择"连结"命令，将左侧面曲线连接成一条样条曲线，如图 8-43 所示。

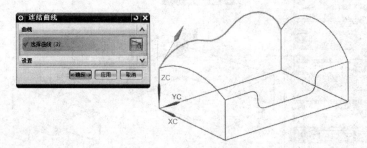

图 8-43　创建连结曲线

14. 创建曲面

选择"通过曲线网格"命令，弹出"通过曲线网格"对话框。选择主曲线的方法是：选取主曲线 1，单击鼠标中键，当曲线一端出现箭头时，再选取主曲线 2，当该曲线一端出现箭头(两条曲线箭头起点和方向必须相同)时，单击鼠标中键两下；选择交叉曲线的方法是：选取交叉曲线 1，单击鼠标中键，当该曲线一端出现箭头时，再选取交叉曲线 2，当该曲线一端出现箭头(两条曲线箭头起点和方向必须相同)时，单击"确定"按钮，如图 8-44 所示。

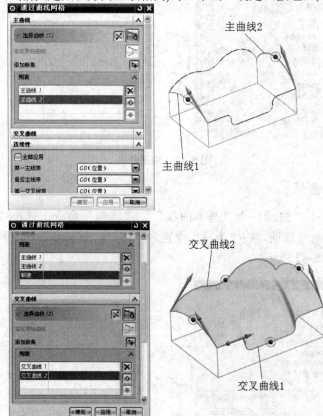

图 8-44　创建曲面

15. 创建有界平面

(1) 选择"有界平面"命令，分别拾取封闭曲线边界线，如图 8-45 所示。

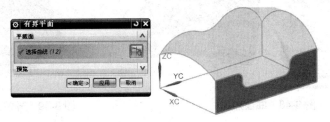

图 8-45　创建有界平面

(2) 同理，创建其余曲面，如图 8-46 所示。

图 8-46　创建其余有界平面

16. 缝合曲面

选择"缝合"命令，弹出"缝合"对话框，分别选择目标片体和工具片体，单击"确定"按钮，如图 8-47 所示。

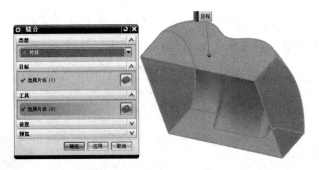

图 8-47　缝合曲面

17. 曲面加厚

选择"加厚"命令，选择需要加厚的曲面，将"偏置 1"设置为"1"，将"偏置 2"设置为"0"，单击"确定"按钮，如图 8-48 所示。

18. 保存文件

隐藏基准和曲线，并保存文件，完成异性面壳体线架曲面的建模，如图 8-49 所示。

图 8-48　曲面加厚

图 8-49　异性面壳体线架曲面图

【知识点引入】

完成异性面壳体线架曲面建模需要掌握以下知识。

1. 有界平面

选择"插入"｜"曲面"｜"有界平面"命令，弹出"有界平面"对话框，在视图区中选取曲线串，单击"确定"按钮，如图 8-50 所示。

图 8-50　"有界平面"对话框

2. 直纹

选中"插入"｜"网格曲面"｜"直纹"命令，弹出"直纹"对话框，在视图区中选取曲线 1，单击鼠标中键，再选取曲线 2，单击"确定"按钮，如图 8-51 所示。

图 8-51　"直纹"对话框

3. 通过曲线组

选择"插入"｜"网格曲面"｜"通过曲线组"命令，弹出"通过曲线组"对话框，在视图区中选取曲线 1，单击鼠标中键，再选取曲线 2，单击鼠标中键，最后选取曲线 3，单击"确定"按钮，如图 8-52 所示。

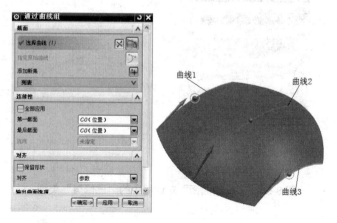

图 8-52　"通过曲线组"对话框

4. 通过曲线网格

选择"插入"|"网格曲面"|"通过曲线网格"命令，弹出"通过曲线网格"对话框。选择主曲线的方法是：选取主曲线 1，单击鼠标中键，当该曲线一端出现箭头时，再选取主曲线 2 点，单击鼠标中键两下；选择交叉曲线的方法是：选取交叉曲线 1，当该曲线一端出现箭头时，单击鼠标中键，选取交叉曲线 2，当该曲线一端出现箭头时，单击鼠标中键，选取交叉曲线 3，当该曲线一端出现箭头时，单击鼠标中键，最后选取交叉曲线 4，单击"确定"按钮，如图 8-53 所示。

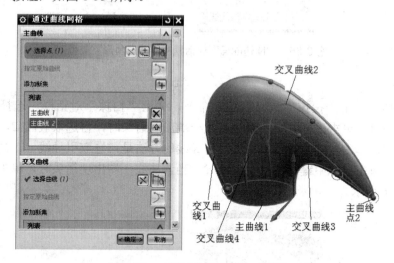

图 8-53　"通过曲线网格"对话框

5. N 边曲面

N 边曲面类型包括已修剪和三角形两种方式。

1) 已修剪

选择"插入"|"网格曲面"|"N 边曲面"命令，弹出"N 边曲面"对话框，将"类型"设置为"已修剪"，在视图区中依次选取曲线串，单击"确定"按钮，如图 8-54 所示。

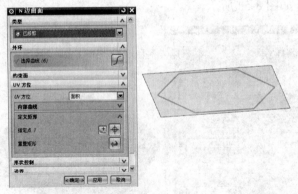

图 8-54 "N 边曲面"对话框中的"已修剪"类型

2) 三角形

选择"插入"｜"网格曲面"｜"N 边曲面"命令，弹出"N 边曲面"对话框，将"类型"设置为"三角形"，在视图区中依次选取曲线串，单击"确定"按钮，如图 8-55 所示。

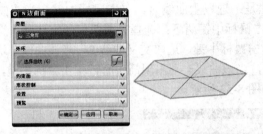

图 8-55 "N 边曲面"对话框中的"三角形"类型

6. 扫掠

选择"插入"｜"扫掠"｜"扫掠"命令，弹出"扫掠"对话框。选择截面的方法是：选取截面 1，单击鼠标中键，当该曲线一端出现箭头时，再选取截面 2，当该曲线一端出现箭头时，单击鼠标中键两下；选择引导线的方法是：选取引导线 1，当该曲线一端出现箭头时，单击鼠标中键，选取引导线 2，当该曲线一端出现箭头时，单击"确定"按钮，如图 8-56 所示。

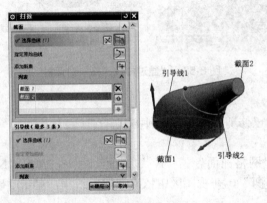

图 8-56 "扫掠"对话框

7. 沿引导线扫掠

选择"插入"｜"扫掠"｜"沿引导线扫掠"命令，弹出"沿引导线扫掠"对话框，操作步骤如下。

(1) 在弹出的"沿引导线扫掠"对话框中，选择截面线串作为剖面线串。

(2) 选择线串作为引导线串。

(3) 设置第一偏置和第二偏置，选择布尔操作，单击"确定"按钮，如图 8-57 所示。

图 8-57　"沿引导线扫掠"对话框

8. 管道

管道是指将圆形剖面沿一条引导线扫掠得到的实体，只需画一条引导线，无须画出截面线。

选择"插入"｜"扫掠"｜"管道"命令，弹出"管道"对话框，选择路径曲线，在"横截面"选项组中设置外径和内径。如将"外径"设置为"50"，将"内径"设置为"30"，如图 8-58 所示。

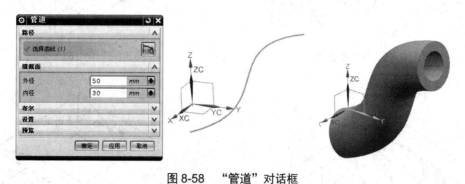

图 8-58　"管道"对话框

本 章 小 结

通过本章的学习，读者重点掌握 UG NX 8.5 软件以下命令的操作：基本曲线、圆弧/圆、点、移动对象、对象显示、通过曲线网格、阵列特征、缝合、矩形、多边形、螺旋线、文本、桥接、连结、投影、缝合、有界平面、加厚、直纹、通过曲线组、通过曲线网格、N

边曲面、扫掠、沿引导线扫掠、管道，并熟练运用这些命令完成产品的三维建模。

技能实战训练题

试根据图 8-59～图 8-64 所示图形的尺寸要求，完成三维曲线曲面建模。

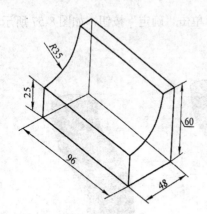

图 8-59　线架图 1

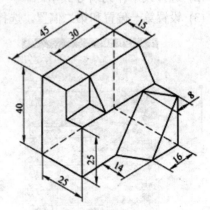

图 8-60　线架图 2

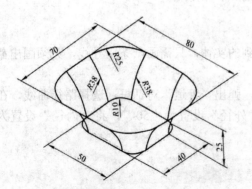

图 8-61　异性曲面 1

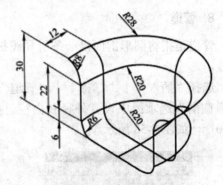

图 8-62　异性曲面 2

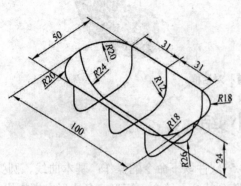

图 8-63　异性曲面 3

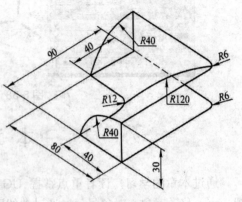

图 8-64　异性曲面 4

第9章 齿轮与蜗轮参数化设计

齿轮传动是机械行业中一种重要的机械传动，广泛用于传递任意两轴或多轴间的运动和动力，具有轮齿加工工艺性好、传动比稳定、工作平稳、振动小等特点。常见的形式包括圆柱齿轮、圆锥齿轮和蜗轮蜗杆。本章主要介绍渐开线齿轮、蜗轮零件参数化建模的一般方法与应用技巧。

9.1 渐开线齿轮的建模

【学习目标】

通过本项目的学习，熟练掌握表达式、轮廓曲线、尺寸约束、几何约束、规律曲线、投影曲线、移动对象、镜像曲线、拉伸、阵列特征等命令的应用与操作方法。

【学习重点】

综合运用各种命令完成渐开线齿轮的参数化建模，如图 9-1 所示。

图 9-1　渐开线齿轮零件图

【建模步骤】

一个标准的渐开线齿轮的轮齿形状和几何尺寸取决于齿轮的五个基本参数：模数 m、齿数 z、压力角 α、齿顶高系数 h_a^* 和顶隙系数 c^*。渐开线齿轮几何尺寸计算公式如下。

分度圆直径：$\qquad d = m \times z$

齿顶圆直径：$\qquad d_a = m \times (z + 2h_a^*)$

齿根圆直径：$\qquad d_f = m \times (z - 2h_a^* - 2c)$

基圆直径：$\qquad d_b = d \times \cos\alpha$

现以 m=4mm，z=24，α=20°，h_a^*=1，c^*=0.25，齿轮宽度 b=35mm 的齿轮为实例，为 UG NX 8.5 赋予初始参数值。新建 chilun 文件名，进入 UG NX 8.5 建模界面，选择"工具" | "表达式"菜单命令，将上述参数依次输入到表达式中，如图 9-2 所示。

渐开线齿轮三维建模过程如下。

图 9-2 "表达式"对话框

1. 创建渐开线齿轮的基本曲线

(1) 选择"插入"｜"任务环境中的草图"菜单命令，然后选择 XC-YC 基准平面，单击"确定"按钮，进入草绘环境。

(2) 选择"轮廓曲线"命令，分别绘制齿轮分度圆、齿顶圆、齿根圆和基圆。

(3) 选择"尺寸约束"命令，使四个圆的直径分别为 d、d_a、d_f、d_b(注：为与软件界面一致，图中采用平排形式)。

(4) 选择"几何约束"命令，使四个圆的圆心同心，并使圆心位于基准坐标系原点，如图 9-3 所示。

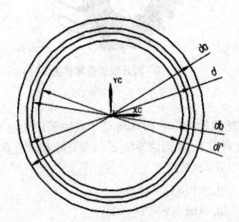

图 9-3 绘制分度圆、齿顶圆、齿根圆、基圆

2. 利用表达式创建齿轮的渐开线

(1) 将如下所需逻辑关系添加到表达式中。

渐开线的展开起始角： $a=0°$

渐开线的展开终止角： $b=60°$

基圆半径：　　　　　　　　　　　　r=d_b/2

NX 系统函数变量：　　　　　　　　t=0，0≤t≤1

渐开线参数方程的自变量：　　　　$u = a \times (1-t) + t \times b$

渐开线参数方程如下：

x_t=r×cos(u)+r×rad(u)×sin(u)

y_t=r×sin(u)−r×rad(u)×cos(u)

z_t=0

(2) 选择"规律曲线"命令，根据方程式建立 60°范围内的一段齿轮渐开线，如图 9-4 所示。

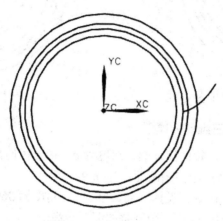

图 9-4　绘制一侧渐开线

3. 创建齿槽轮廓曲线

(1) 选择"投影曲线"命令，将渐开线投影到草图中，然后将渐开线与分度圆的交点与圆心点连接成一条直线，如图 9-5 所示。

(2) 选择"移动对象"命令，将刚连接的直线顺时针旋转 (90 / z)° 作为镜像中心线，如图 9-6 所示。

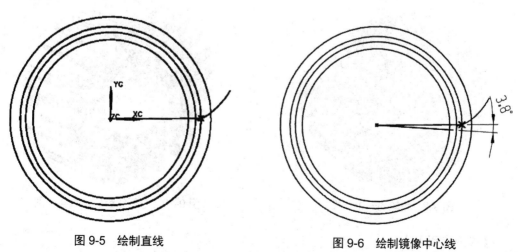

图 9-5　绘制直线　　　　　　　　　　图 9-6　绘制镜像中心线

(3) 选择"镜像曲线"命令，将旋转后的直线作为镜像中心线，得到另一侧渐开线，如图 9-7 所示。

(4) 作连接两侧渐开线右侧的直线，形成闭环曲线，然后将草图进行修剪，并最终得到轮廓曲线，如图 9-8 所示。

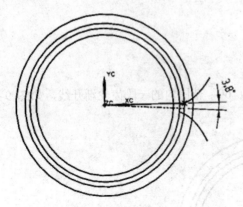

图 9-7　镜像渐开线

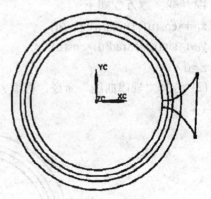

图 9-8　绘制轮廓线

4. 创建渐开线齿轮的三维实体模型

(1) 选择"拉伸"命令，拉伸齿顶圆，深度为 b；接着拉伸齿槽轮廓曲线，与齿顶圆实体进行布尔求差，自动生成一个齿槽断面，如图 9-9 所示。

(2) 选择"阵列特征"命令，设置阵列数字为 z，角度为 360/z，旋转轴选择基准轴 ZC 轴方向，单击"确定"按钮，生成一个完整的渐开线齿轮。

(3) 齿轮中心孔和键槽的所有参数均参照国家标准，在草图中绘制其断面形状，执行"拉伸"命令，即可自动完成实体模型。

5. 保存文件

隐藏基准和草图，并保存文件，完成渐开线齿轮零件的参数化建模，如图 9-10 所示。

图 9-9　齿轮的一个齿槽

图 9-10　渐开线齿轮三维实体图

【知识点引入】

完成渐开线齿轮零件参数化建模需要掌握以下知识。

1. 表达式

UG NX 8.5 的表达式是用来控制零件特征参数的数学表达式、条件语句或几何表达式，既可以用来控制同一个模型尺寸之间的相互关系，又可以用来控制装配图中各个部件之间的相互关系。运用表达式，用户可以十分简便地对模型进行编辑，同时通过控制某一特定参数的表达式，可以改变实体模型的特征尺寸或对其重新定位。使用表达式也可产生一个零件族，通过改变表达式的值，可将一个零件转为一个带有同样拓扑关系的新零件。

选择"工具"｜"表达式"菜单命令，弹出"表达式"对话框，如图 9-11 所示，下面介绍该对话框中的选项。

图 9-11　"表达式"对话框

- 命名的：列出用户创建和那些没有创建只是重命名的表达式。
- 按名称过滤：列出名称和过滤器匹配的表达式。
- 按值过滤：列出值和过滤器匹配的表达式。
- 按公式过滤：列出公式和过滤器匹配的表达式。
- 按字符串过滤：列出字符串和过滤器匹配的表达式。
- 按附注过滤：列出附注和过滤器匹配的表达式。
- 按表达式类型过滤：列出表达式类型和过滤器匹配的表达式。
- 按特征类型过滤：列出特征类型和过滤器匹配的表达式。
- 不使用的表达式：没有被任何特征或其他表达式引用的表达式。
- 对象参数：列出测量表达式。
- 测量：列出和所选特征相符的表达式。
- 全部：列出零件中的所有表达式。
- 电子表格编辑▦：将控制转换为可用于编辑表达式的 UG NX 8.5 电子表格功能。
- 从文件导入表达式▦：将指定包含表达式的文本文件读取到当前部件文件中。

- 导出表达式到文件🔳：允许将部件中的表达式写入文本文件中。
- 函数 *f(x)*：包括 sin(正弦函数)、cos(余弦函数)、tan(正切函数)、sinh(双曲正弦函数)、cosh(双曲余弦函数)、tanh(双曲正切函数)、abs(绝对值函数)、asin(反正弦函数)、acos(反余弦函数)、atan(反正切函数)、log(自然对数)、exp(指数)、fact(阶乘)、sqrt(平方根)等。
- 测量距离🔳🔳：包括测量长度、测量角度、测量体积、测量面积等。
- 引用属性🔳🔳：包括引用部件属性和引用对象属性。
- 创建部件间表达式🔳🔳：包括创建单个部件间表达式、创建多个部件间表达式、编辑多个部件间表达式。
- 打开引用的部件🔳：可以打开任何作业中载入的部件。

2. 规律曲线

规律曲线是通过使用规律函数来创建样条曲线。规律函数类型包括恒定、线性、三次、沿脊线的线性、沿脊线的三次、根据方程、根据规律曲线七种方式，下面分别进行介绍。

(1) 恒定🔳：可以为整个规律函数定义一个常数值。系统会提示只能输入一个规律值(即该常数)。

(2) 线性🔳：用于定义一个从起点到终点的线性变化率。

(3) 三次🔳：用于定义一个从起点到终点的三次变化率。

(4) 沿脊线的线性🔳：使用沿着脊线的两个或多个点来定义线性规律函数。在选择脊线曲线后，可以沿着这条曲线指出多个点。系统会提示在每个点处输入一个值。

(5) 沿脊线的三次🔳：使用沿着脊线的两个或多个点来定义三次规律函数。在选择脊线曲线后，可以沿着该脊线指出多个点。系统会提示在每个点处输入一个值。

(6) 根据方程🔳：使用一个现有表达式及函数表达式变量来定义一个规律。UG NX 表达式中，t 是系统函数变量，取值范围为 $0 \leqslant t \leqslant 1$。

(7) 根据规律曲线🔳：允许选择一条光滑连接的曲线组成的线串来定义一个规律函数。

下面主要介绍由方程来创建的几种常见曲线。

1) 圆

圆的数学方程为 $x^2+y^2=r^2$，若半径 r 为 50，则 UG NX 表达式为：

t=0

r=50

theta=t×360

x_t=r×cos(theta)

y_t=r×sin(theta)

z_t=0

选择"工具"｜"表达式"菜单命令，将上述参数依次输入到表达式中，如图 9-12 所示。

图 9-12　"表达式"对话框

选择"插入"｜"曲线"｜"规律曲线"命令，弹出"规律曲线"对话框，将 x 轴的"规律类型"设置为"根据方程"，将"参数"设置为"t"，将"函数"设置为"xt"；将 y 轴的"规律类型"设置为"根据方程"，将"参数"设置为"t"，将"函数"设置为"yt"；将 z 轴的"规律类型"设置为"恒定"，将"值"设置为"0"，将"指定CSYS"设置为(0，0，0)，如图 9-13 所示。

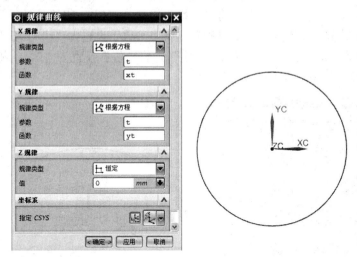

图 9-13　绘制圆

2) 椭圆

椭圆的数学方程为 $x^2/a^2+y^2/b^2=1$，若长半轴 a 为 40(在 x 轴上)，短半轴 b 为 30(在 y 轴上)，则 UG NX 表达式为：

t=0

a=40

b=30

theta=t×360

$x_t=a×\cos(theta)$

$y_t=b×\sin(theta)$

$z_t=0$

选择"工具"|"表达式"菜单命令，将上述参数依次输入到表达式中，如图9-14所示。

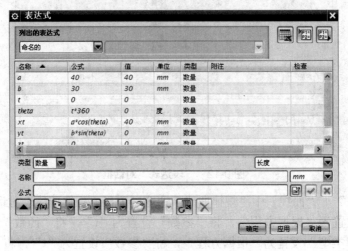

图9-14　"表达式"对话框1

选择"插入"|"曲线"|"规律曲线"命令，弹出"规律曲线"对话框，将 x 轴的"规律类型"设置为"根据方程"，将"参数"设置为"t"，将"函数"设置为"xt"；将 y 轴的"规律类型"设置为"根据方程"，将"参数"设置为"t"，将"函数"设置为"yt"；将 z 轴的"规律类型"设置为"恒定"，将"值"设置为"0"，将坐标系"指定 CSYS"设置为(0，0，0)，如图9-15所示。

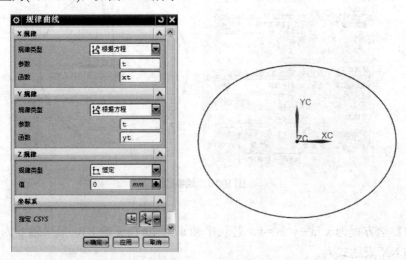

图9-15　绘制椭圆

3）双曲线和抛物线

双曲线的数学方程为 $x^2/a^2-y^2/b^2=1$，若中心坐标为(0，0)，实长半轴 a 为 3(在 x 轴上)，虚半轴 b 为 2(在 y 轴上)，y 的取值范围为-5～+5，则 UG NX 表达式为：

t=0

a=4

b=3

$y_t=10 \times t-5$

$x_t=a/b \times sqrt(b^2+yt^2)$

$z_t=0$

选择"工具"｜"表达式"菜单命令，将上述参数依次输入到表达式中，如图 9-16 所示。

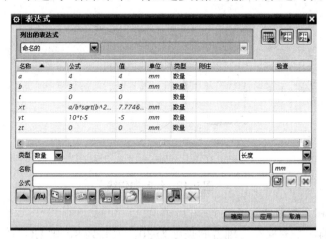

图 9-16　"表达式"对话框 2

选择"插入"｜"曲线"｜"规律曲线"命令，弹出"规律曲线"对话框，将 x 轴的"规律类型"设置为"根据方程"，将"参数"设置为"t"，将"函数"设置为"xt"；将 y 轴的"规律类型"为"根据方程"，将"参数"设置为"t"，将"函数"设置为"yt"；将 z 轴的"规律类型"设置为"恒定"，将"值"设置为"0"，将坐标系"指定 CSYS"设置为(0，0，0)，得到一侧曲线，另一侧曲线通过镜像得到，如图 9-17 所示。

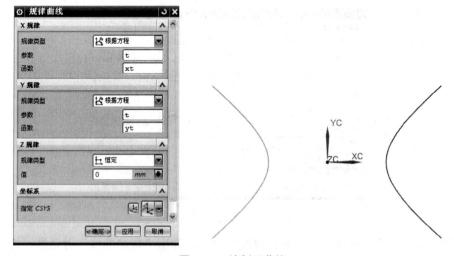

图 9-17　绘制双曲线

同理，抛物线的数学方程为 $y^2=2px$，若抛物线的顶点为(20，10)，焦点到准线的距离

p=8，y 的取值范围为–25～+25，则 UG NX 表达式为：

t=0

p=8

$y_t=50×t-25+10$

$x_t=(y_t-10)^2/(2×p)+20$

$z_t=0$

执行"表达式"和"规律曲线"命令，结果如图 9-18 所示。

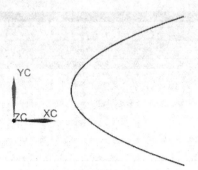

图 9-18　绘制抛物线

4) 正弦曲线和余弦曲线

若正弦曲线的一个周期在 x 轴方向长度为 30，振幅为 8，则 UG NX 表达式为：

t=0

theta=t×360

$x_t=30×t$

$y_t=8×sin(theta)$

$z_t=0$

选择"工具"｜"表达式"菜单命令，将上述参数依次输入到表达式中，如图 9-19 所示。

图 9-19　"表达式"对话框 3

选择"插入"｜"曲线"｜"规律曲线"命令，弹出"规律曲线"对话框，将 x 轴的
"规律类型"设置为"根据方程"，将"参数"设置为"t"，将"函数"设置为"xt"；
将 y 轴的"规律类型"设置为"根据方程"，将"参数"设置为"t"，将"函数"设置为

"yt"；将 Z 轴"规律类型"设置为"恒定"，将"值"设置为"0"，将坐标系"指定 CSYS"设置为(0，0，0)，如图 9-20 所示。

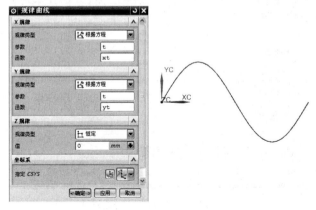

图 9-20 绘制正弦曲线

同理，若余弦曲线一个周期在 x 方向长度为 30，振幅为 8，则 UG NX 表达式为：

t=0

theta=t×360

x_t=30×t

y_t=8×cos(theta)

z_t=0

执行"表达式"和"规律曲线"命令，结果如图 9-21 所示。

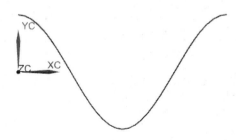

图 9-21 绘制余弦曲线

5）圆柱、圆柱和圆台螺旋线

若圆柱螺旋线半径 r 为 30，螺距 p 为 12，圈数 n 为 8，则 UG NX 表达式为：

t=0

r=30

p=12

n=8

theta=t×360

x_t=r×cos(theta×n)

y_t=r×sin(theta×n)

z_t=p×n×t

选择"工具"｜"表达式"菜单命令，将上述参数依次输入到表达式中，如图 9-22 所示。

图 9-22　"表达式"对话框 4

选择"插入"｜"曲线"｜"规律曲线"命令，弹出"规律曲线"对话框，将 x 轴的"规律类型"设置为"根据方程"，将"参数"设置为"t"，将"函数"设置为"xt"；将 y 轴的"规律类型"设置为"根据方程"，将"参数"设置为"t"，将"函数"设置为"yt"；将 z 轴的"规律类型"设置为"根据方程"，将"参数"设置为"t"，将"函数"设置为"zt"，将坐标系"指定 CSYS"设置为(0，0，0)，如图 9-23 所示。

图 9-23　绘制圆柱螺旋线

同理，圆锥螺旋线和圆台螺旋线，若圆锥螺旋线底圆半径 r 为 30，螺距 p 为 6，圈数 n 为 12，则 UG NX 表达式为：

t=0

r=30×(1−t)；若圆台上端半径为 5，则 r=20×(1−t×0.75)

p=6

n=12

theta=t×360

x_t=r×cos(theta×n)

y_t=r×sin(theta×n)

$z_t=p×n×t$

执行"表达式"和"规律曲线"命令，结果如图 9-24 所示。

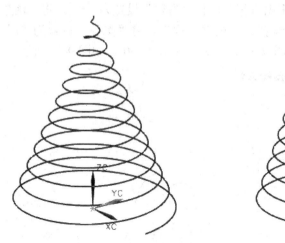

图 9-24　绘制圆锥、圆台螺旋线

6) 环形螺旋线和空间螺旋梅花线

环形螺旋线的 UG NX 表达式为：

t=0

n=15

theta=t×360

$x_t=(50+10×sin(theta×n))×cos(theta)$

$y_t=(50+10×sin(theta×n))×sin(theta)$

$z_t=10×cos(theta×n)$

选择"工具"｜"表达式"菜单命令，将上述参数依次输入到表达式中，如图 9-25 所示。

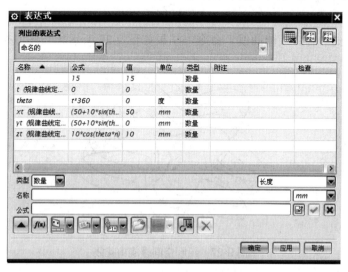

图 9-25　"表达式"对话框 5

选择"插入"｜"曲线"｜"规律曲线"命令，弹出"规律曲线"对话框，将 x 轴的"规律类型"设置为"根据方程"，将"参数"设置为"t"，将"函数"设置为"xt"；将 y 轴的"规律类型"设置为"根据方程"，将"参数"设置为"t"，将"函数"设置为"yt"；将 z 轴的"规律类型"设置为"根据方程"，将"参数"设置为"t"，将"函数"设置为"zt"，将坐标系"指定 CSYS"设置为(0，0，0)，如图 9-26 所示。

图 9-26　绘制环形螺旋线

同理，空间螺旋梅花线的 UG NX 表达式为：

t=0

theta=t×360×4

r=10+(3×sin(theta×2.5))^2

x_t=r×cos(theta)

y_t=r×sin(theta)

z_t=t×16

执行"表达式"和"规律曲线"命令，结果如图 9-27 所示。

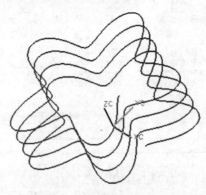

图 9-27　绘制空间螺旋梅花线

7) 阿基米德螺线(等径螺线)和双曲螺线

阿基米德螺线(等径螺线)的数学方程为 r = a×θ (极坐标)，假设 a=12，θ =360×2，则

UG NX 表达式为:

t=0

a=12

theta=t×360×2

r=a×theta

x_t=r×cos(theta)

y_t=r×sin(theta)

z_t=0

选择"工具"｜"表达式"菜单命令,将上述参数依次输入到表达式中,如图9-28所示。

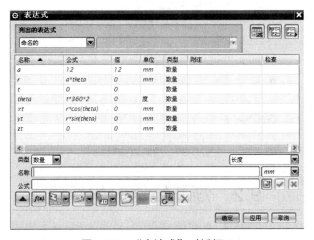

图 9-28　"表达式"对话框 6

选择"插入"｜"曲线"｜"规律曲线"命令,弹出"规律曲线"对话框,将 x 轴的"规律类型"设置为"根据方程",将"参数"设置为"t",将"函数"设置为"xt";将 y 轴的"规律类型"设置为"根据方程",将"参数"设置为"t",将"函数"设置为"yt";将 z 轴的"规律类型"设置为"恒定",将"值"设置为"0",将坐标系"指定CSYS"设置为(0,0,0),如图9-29所示。

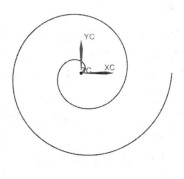

图 9-29　绘制阿基米德螺线

同理，双曲螺线的数学方程为 $r = a / \theta$，若 a=10，则 UG NX 表达式为：

t=0

a=10

theta=t×360×2+1

r=a/theta

x_t=r×cos(theta)

y_t=r×sin(theta)

z_t=0

执行"表达式"和"规律曲线"命令，结果如图 9-30 所示。

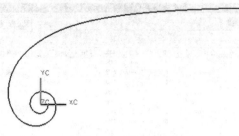

图 9-30　绘制双曲螺线

9.2　渐开线蜗轮的建模

【学习目标】

通过本项目的学习，熟练掌握表达式、规律曲线、投影曲线、镜像曲线、生成实例几何特征、扫掠、求差、回转、阵列特征、腔体、凸台、倒斜角、边圆角、拉伸等命令的应用与操作方法。

【学习重点】

综合运用各种命令完成渐开线蜗轮的参数化建模，如图 9-31 所示。

【建模步骤】

一个标准蜗轮蜗杆的几何尺寸和形状取决于它们的基本特征参数，即模数 m、压力角 α (alpha)、齿顶项高系数 h_a^*、顶隙系数 c^*、蜗轮齿数 Z_2、蜗轮螺旋角 β (beta)、蜗杆头数 Z_1、蜗杆直径系数 q、蜗杆导程角 γ (gamma)、中心距 a 等。

在 UG NX 8.5 软件中，通过表达式和函数变量，可定义曲线变化规律，所有的变量均需预先定义。为蜗轮蜗杆的基本参数赋予初始值，并建立相应表达式如下。

图 9-31　渐开线蜗轮零件图

模数：　　　　　　　　　m=5

蜗轮齿数：　　　　　　　Z_2=28

压力角：　　　　　　　　　　alpha=20

齿顶高系数：　　　　　　　　h_a^*=1

顶隙系数：　　　　　　　　　c^*=0.25

中心距：　　　　　　　　　　a=95

蜗轮齿宽：　　　　　　　　　B=40

蜗轮分度圆直径：　　　　　　d=m×Z_2

蜗轮基圆直径：　　　　　　　d_b=d×cos(alpha)

蜗轮齿顶圆直径：　　　　　　d_a=(Z_2+2h_a^*)*m

蜗轮齿根圆直径：　　　　　　d_f=(Z_2-2h_a^*-2c^*)*m

蜗杆头数：　　　　　　　　　Z_1=1

蜗杆直径系数：　　　　　　　q=10

蜗杆导程角：　　　　　　　　gamma=arctan(Z_1/q)

蜗轮螺旋角：　　　　　　　　beta=gamma

1. 建立蜗轮表达式

进入 UG NX 8.5 建模界面后，选择"工具"｜"表达式"菜单命令，输入蜗轮蜗杆基本参数，建立蜗轮几何尺寸计算公式和曲线参数方程的表达式，如图 9-32 所示。

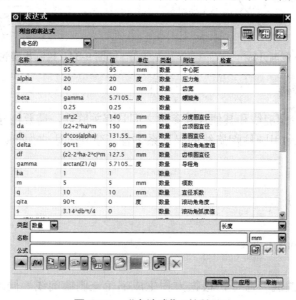

图 9-32　"表达式"对话框 7

2. 创建蜗轮齿槽轮廓曲线

(1) 根据渐开线蜗轮形成的原理，创建一侧展开角为 90°的渐开线参数方程，表达式如下。

NX 系统函数变量：　　　　　　t=0，0≤t≤1

滚动角角度值：　　　　　　　u=90×t

滚动角弧度值：　　　　　　　s=π×d_b×t/4

渐开线参数方程为：

$x_t=d_b\times\cos(u)/2+s\times\sin(u)$

$y_t=d_b\times\sin(u)/2-s\times\cos(u)$

$z_t=0$

(2) 选择"规律曲线"命令,根据方程生成蜗轮一侧渐开线,如图 9-33 所示。

(3) 选择"插入"｜"任务环境中的草图"菜单命令,在 XC-YC 基准平面内,分别绘制四个同心圆:齿顶圆、分度圆、基圆和齿根圆,并通过"尺寸约束"命令,分别标注直径为 d_a、d、d_b、d_f;选择"投影曲线"命令,将渐开线投影到草图中,选择"偏置"命令,将渐开线向上偏置 2.5mm;选择"镜像曲线"命令,以 x 轴为镜像中心线,镜像曲线选择偏置后的渐开线,得到另一侧渐开线;分别过渐开线左侧两个端点,作渐开线的切线,并与基圆相交,然后在交点处分别倒圆角 R1。再作一同心圆,使其过渐开线右侧两端点,然后将草图进行修改,并最终得到轮廓曲线,如图 9-34 所示。

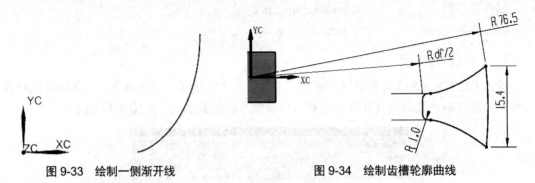

图 9-33 绘制一侧渐开线   图 9-34 绘制齿槽轮廓曲线

3. 创建蜗轮螺旋线

(1) 为了保证蜗轮螺旋线和其他尺寸参数之间具有关联性,需要创建一侧展开角为 90°的蜗轮轮齿螺旋线。利用圆柱螺旋线的坐标系方程,建立表达式如下:

$t_1=1$, $0\leqslant t_1\leqslant 1$

$u_1=90\times t_1$

螺旋线参数方程如下:

$x_{1t}=a-B\times\cos(u_1)$

$y_{1t}=-B\times\tan(gamma)\times t_1$

$z_{1t}=B\times t_1$

(2) 选择"规律曲线"命令,根据方程生成蜗轮一侧螺旋线。同理,建立另一侧螺旋线参数方程为:

$x_{2t}=x_{1t}$

$y_{2t}=-y_{1t}$

$z_{2t}=-z_{1t}$

(3) 再次选择"规律曲线"命令,根据方程生成蜗轮完整螺旋线,如图 9-35 所示。

(4) 选择"生成实例几何特征"命令,将螺旋线分别绕 z 轴旋转$+(360/Z_2/4)°$ 和 $-(360/Z_2/4)°$,分别得到两条螺旋线线段,如图 9-36 所示。

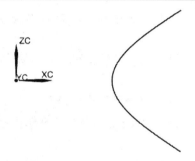

图 9-35 绘制螺旋线

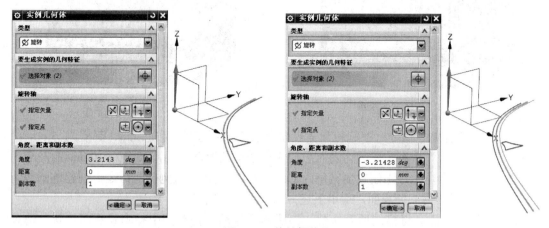

图 9-36 旋转螺旋线

(5) 选择"扫掠"命令，截面选取齿槽轮廓曲线，引导线依次选取三条螺旋线，生成蜗轮齿槽三维实体模型，如图 9-37 所示。

4. 创建蜗轮三维实体模型

(1) 选择"插入"｜"任务环境中的草图"菜单命令，然后选择 XC-YC 基准平面，单击"确定"按钮，进入草绘环境，绘制草图，如图 9-38 所示。

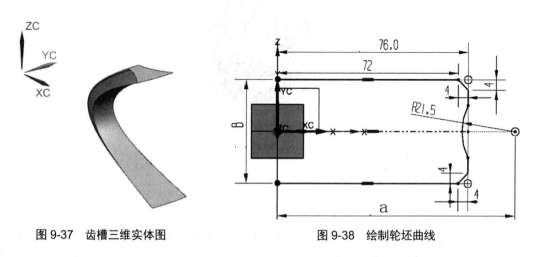

图 9-37 齿槽三维实体图   图 9-38 绘制轮坯曲线

（2）选择"回转"命令，设置旋转轴为 ZC 轴方向，旋转角度设置为 360°，生成蜗轮轮坯三维实体模型。

（3）选择"求差"命令，目标体为蜗轮轮坯，工具体为蜗轮齿槽，生成蜗轮单个齿槽，如图 9-39 所示。

（4）选择"阵列特征"命令，将齿槽进行圆形阵列，设置旋转轴为 ZC 轴方向，数量为"Z_2"，节距角为 360/Z_2，生成一个完整的渐开线蜗轮齿槽，如图 9-40 所示。

图 9-39　蜗轮单个齿槽

图 9-40　完整蜗轮齿槽

（5）选择"腔体"命令，在蜗轮一侧表面上创建一个直径为 ϕ110mm、深度为 5mm 的腔体；选择"凸台"命令，在腔体表面上创建一个直径为 ϕ80mm，高度为 10mm 的凸台；选择"倒斜角"命令，分别创建倒斜角为 C5 和 C1；选择"边倒圆"命令，创建倒圆角为 R3；同理，在蜗轮另一侧表面，运用上述方法创建相同特征。

（6）蜗轮中心孔和键槽的所有参数均参照国家标准，在草图中绘制其断面形状，选择"拉伸"命令，即可自动生成模型。

5. 保存文件

隐藏基准和草图，并保存文件，完成蜗轮零件的参数化建模，如图 9-41 所示。

图 9-41　蜗轮三维实体图

【知识点引入】

完成渐开线蜗轮零件参数化建模需要掌握以下知识。

1. 生成实例几何特征

生成实例几何特征类型包括来源/目标、镜像、平移、旋转、沿路径五种方式，下面主要介绍镜像、平移及旋转方式的创建方法。

1) 镜像

选择"插入"｜"关联复制"｜"生成实例几何特征"菜单命令，弹出"实例几何体"对话框，将"选择对象"设置为爱心实体，将"指定平面"设置为基准面 1，单击"确定"按钮，如图 9-42 所示。

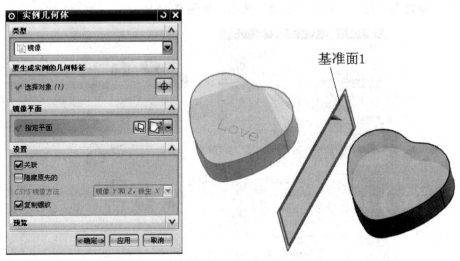

图 9-42 "实例几何体"对话框中的"镜像"类型

2) 平移

选择"插入"｜"关联复制"｜"生成实例几何特征"菜单命令，弹出"实例几何体"对话框，将"选择对象"设置为凸台，将"指定矢量"设置为 XC 轴方向，将"距离"设置为"40"，将"副本数"设置为"5"，单击"确定"按钮，如图 9-43 所示。

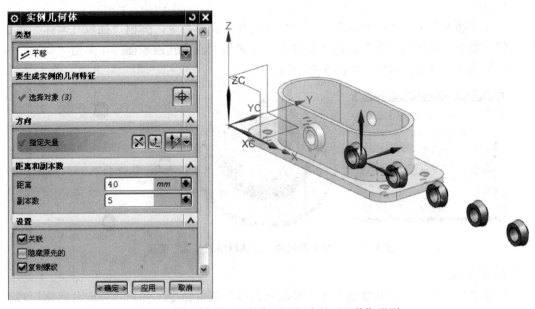

图 9-43 "实例几何体"对话框中的"平移"类型

3) 旋转

选择"插入"│"关联复制"│"生成实例几何特征"菜单命令，弹出"实例几何体"对话框，将"选择对象"设置为圆柱片体，将"指定矢量"设置为 XC 轴方向，将"指定点"设置为(0，0，0)，将"角度"设置为"30"，将"距离"设置为"0"，将"副本数"设置为"12"，单击"确定"按钮，如图 9-44 所示。

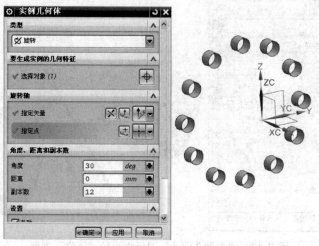

图 9-44 "实例几何体"对话框中的"旋转"类型

2. 抽取几何体

抽取几何体类型包括复合曲线、点、基准、面、面区域、体、镜像体七种方式，下面主要介绍面、面区域及镜像体方式的创建方法。

1) 面

选择"插入"│"关联复制"│"抽取几何体"菜单命令，弹出"抽取几何体"对话框，将"类型"设置为"面"，将"选择面"设置为"四个孔内表面"，单击"确定"按钮，隐藏实体，得到抽取面，如图 9-45 所示。

图 9-45 "抽取几何体"对话框中的"面"类型

2) 面区域

选择"插入"│"关联复制"│"抽取几何体"菜单命令，弹出"抽取几何体"对话框，将"类型"设置为"面区域"，将"种子面"选项组中的"选择面"设置为面 1，将"边界面"选项组中的"选择面"设置为面 2，单击"确定"按钮，隐藏实体，得到抽取面区域，如图 9-46 所示。

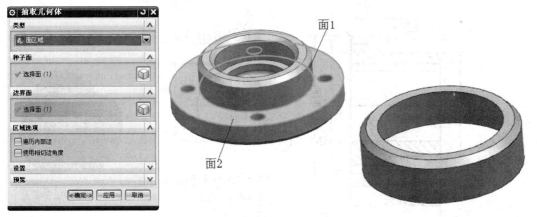

图 9-46 "抽取几何体"对话框中的"面区域"类型

3）镜像体

选择"插入"｜"关联复制"｜"抽取几何体"菜单命令，弹出"抽取几何体"对话框，将"类型"设置为"镜像体"，将"选择体"设置为特征 1，将"选择镜像平面"设置为 XC-ZC 基准平面，单击"确定"按钮，如图 9-47 所示。

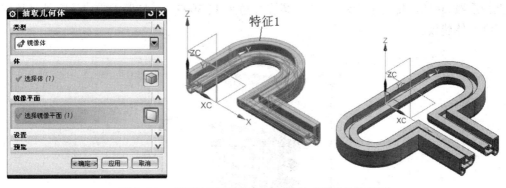

图 9-47 "抽取几何体"对话框中的"镜像体"类型

本 章 小 结

通过本章的学习，读者重点掌握 UG NX 8.5 软件以下命令的操作：表达式、轮廓曲线、尺寸约束、几何约束、规律曲线、投影曲线、移动对象、镜像曲线、拉伸、阵列特征、生成实例几何特征、扫掠、腔体、凸台、倒斜角、边圆角、拉伸，并熟练运用这些命令完成产品的三维建模。

技能实战训练题

1. 试根据图 9-48 所示零件图的尺寸要求，完成三维实体建模。

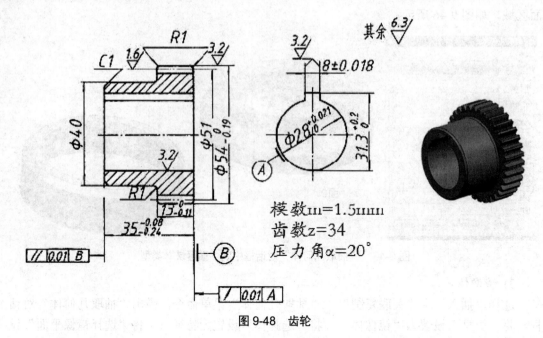

图 9-48　齿轮

模数 $m=1.5\text{mm}$
齿数 $z=34$
压力角 $\alpha=20°$

2. 如图 9-49 所示，已知阿基米德蜗杆的主要参数为：模数 $m=4$，蜗杆头数 $Z_1=2$，蜗杆直径系数 $q=10$，传动中心距 $a=98$，螺旋升角 $\beta=11.3099°$。按要求完成该阿基米德蜗杆的三维实体建模。

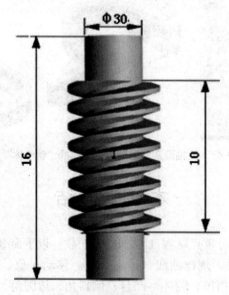

图 9-49　阿基米德蜗杆

第 10 章　典型零部件设计

本章主要介绍常见典型零部件拨叉、手轮、凸轮、钻头、套筒、活塞、四通阀、叶轮及吊钩零件建模的一般方法与应用技巧。

10.1　拨叉的建模

【学习目标】

通过本项目的学习，熟练掌握圆柱体、拉伸、孔、基准轴、基准平面、倒斜角、边倒圆、求和等命令的应用与操作方法。

【学习重点】

综合运用各种命令完成拨叉零件的三维建模，如图 10-1 所示。

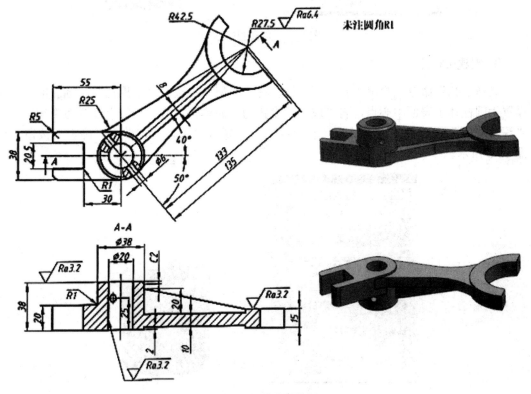

图 10-1　拨叉零件图

【建模步骤】

拨叉零件三维建模过程如下。

1. 新建文件

启动 UG NX 8.5 软件，新建部件文件 bocha.prt，再选择"开始"菜单中的"建模"命令，进入 UG NX 8.5 建模模块界面。

2. 创建圆柱体

选择"圆柱体"命令，弹出"圆柱"对话框，将"类型"设置为"轴、直径和高度"，将"指定矢量"设置为 ZC 轴方向，将"指定点"设置为(0，0，0)，将"直径"设置为"38"，将"高度"设置为"38"，单击"确定"按钮，如图 10-2 所示。

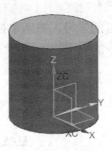

图 10-2　创建圆柱体 1

3. 创建 ϕ20 孔

选择"孔"命令，弹出"孔"对话框，将"类型"设置为"常规孔"，将"指定点"设置为圆柱体上表面中心点，将"成形"设置为"简单"，将"直径"设置为"20"，将"深度限制"设置为"贯通体"，将"布尔"设置为"求差"，单击"确定"按钮，如图 10-3 所示。

图 10-3　创建孔

4. 绘制草图

选择"插入" | "任务环境中的草图"菜单命令，然后选择 XC-YC 基准平面，单击"确定"按钮，进入草绘环境，绘制草图，如图 10-4 所示。

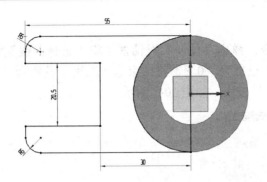

图 10-4　绘制草图 1

5. 创建拉伸

选择"拉伸"命令，弹出"拉伸"对话框，将"选择曲线"设置为上一步绘制的草图，将开始值"距离"设置为"0"，将结束值"距离"设置为"20"，将"布尔"设置为"求和"，单击"确定"按钮，如图 10-5 所示。

图 10-5　创建拉伸体 1

6. 绘制草图

选择"插入"｜"任务环境中的草图"菜单命令，然后选择 XC-YC 基准平面，单击"确定"按钮，进入草绘环境，绘制草图，如图 10-6 所示。

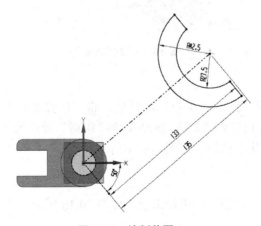

图 10-6　绘制草图 2

7. 创建拉伸

选择"拉伸"命令，弹出"拉伸"对话框，将"选择曲线"设置为上一步绘制的草图，将开始值"距离"设置为"0"，将结束值"距离"设置为"15"，将"布尔"设置为"无"，单击"确定"按钮，如图 10-7 所示。

图 10-7　创建拉伸体 2

8. 绘制草图

选择"插入"｜"任务环境中的草图"菜单命令，然后选择 XC-YC 基准平面，单击"确定"按钮，进入草绘环境，绘制草图，如图 10-8 所示。

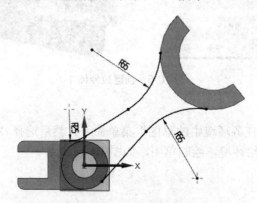

图 10-8　绘制草图 3

9. 创建拉伸

选择"拉伸"命令，弹出"拉伸"对话框，将"选择曲线"设置为上一步绘制的草图，将开始值"距离"设置为"2"，将结束值"距离"设置为"12"，将"布尔"设置为"求和"，单击"确定"按钮，如图 10-9 所示。

10. 组合特征

选择"求和"命令，将各部件进行组合，如图 10-10 所示。

图 10-9　创建拉伸体 3

11. 创建基准轴

选择"插入"｜"基准/点"｜"基准轴"菜单命令，创建一条基准轴 ZC 轴，如图 10-11 所示。

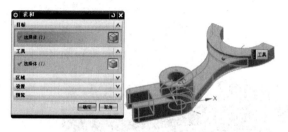

图 10-10　组合特征

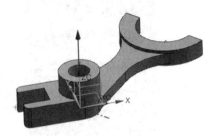

图 10-11　创建基准轴

12. 创建基准平面

选择"插入"｜"基准/点"｜"基准平面"菜单命令，创建一个基准平面，如图 10-12 所示。

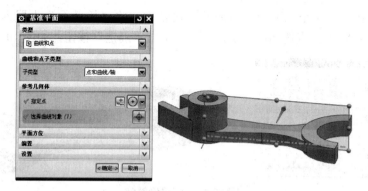

图 10-12　创建基准平面 1

13. 绘制草图

选择"插入"｜"任务环境中的草图"菜单命令，然后选择上一步创建的基准平面作为草绘平面，单击"确定"按钮，进入草绘环境，绘制草图，如图 10-13 所示。

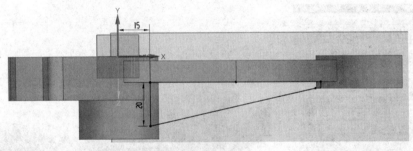

图 10-13　绘制草图 4

14. 创建拉伸

选择"拉伸"命令，弹出"拉伸"对话框，将"选择曲线"设置为上一步绘制的草图，将"结束"设置为"对称值"，将"距离"设置为"4"，将"布尔"设置为"求和"，单击"确定"按钮，如图 10-14 所示。

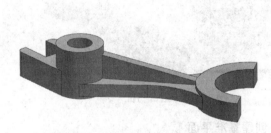

图 10-14　创建拉伸体 4

15. 创建倒斜角

选择"倒斜角"命令，弹出"倒斜角"对话框，将"横截面"设置为"对称"，将"距离"设置为"2"，点选相应的实体边界，单击"确定"按钮，如图 10-15 所示。

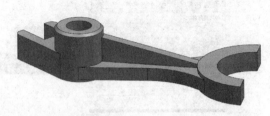

图 10-15　创建倒斜角

16. 创建边倒圆

选择"边倒圆"命令，弹出"边倒圆"对话框，将"形状"设置为"圆形"，将"半径"设置为"1"，点选相应的实体边界，单击"确定"按钮，如图 10-16 所示。

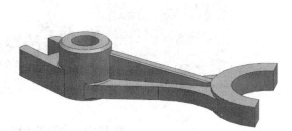

图 10-16　创建边倒圆

17．创建基准平面

(1) 选择"插入"｜"基准/点"｜"基准平面"菜单命令，创建一个与 x 轴成 50°的基准平面，如图 10-17 所示。

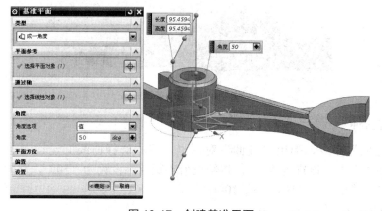

图 10-17　创建基准平面

(2) 选择"插入"｜"基准/点"｜"基准平面"菜单命令，选择第 12 步创建的基准平面，将"偏置"距离设置为"19"，如图 10-18 所示。

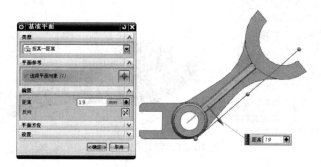

图 10-18　创建基准平面 2

18．创建基准轴

选择"插入"｜"基准/点"｜"基准轴"菜单命令，选择上一步相关的两基准平面，生成两平面相交轴线，如图 10-19 所示。

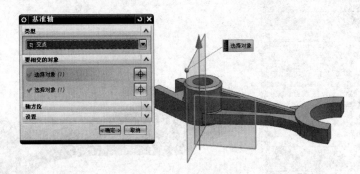

图 10-19　创建基准轴

19. 绘制草图

选择"插入"｜"任务环境中的草图"菜单命令，然后选择第 17 步创建的基准平面作为草绘平面，单击"确定"按钮，进入草绘环境，绘制草图，如图 10-20 所示。

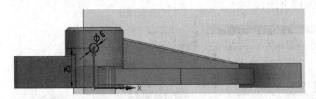

图 10-20　绘制草图 5

20. 创建拉伸

选择"拉伸"命令，弹出"拉伸"对话框，将"选择曲线"设置为上一步绘制的草图，将开始值"距离"设置为"0"，将结束值"距离"设置为"50"，将"布尔"设置为"求差"，单击"确定"按钮，如图 10-21 所示。

图 10-21　创建拉伸体 5

21. 保存文件

隐藏基准和草图，并保存文件，完成拨叉零件的建模，如图 10-22 所示。

图 10-22　拨叉零件三维实体图

10.2　手轮的建模

【学习目标】

通过本项目的学习，熟练掌握管道、圆柱体、回转、拉伸、阵列特征等命令的应用与操作方法。

【学习重点】

综合运用各种命令完成手轮零件的三维建模，如图 10-23 所示。

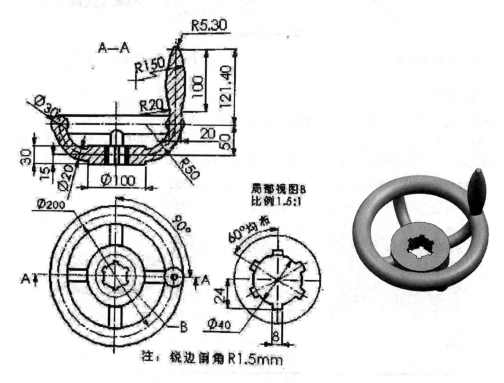

图 10-23　手轮零件图

【建模步骤】

手轮零件三维建模过程如下。

1. 新建文件

启动 UG NX 8.5 软件，新建部件文件 shoulun.prt，再选择"开始"菜单中的"建模"命令，进入 UG NX 8.5 建模模块界面。

2. 绘制草图

选择"插入"｜"任务环境中的草图"菜单命令，然后选择 YC-ZC 基准平面，单击"确定"按钮，进入草绘环境，绘制草图，如图 10-24 所示。

3. 创建管道

选择"管道"命令，弹出"管道"对话框，将"选择曲线"设置为上一步绘制的草图，将"横截面"选项组中的"外径"设置为"30"，单击"确定"按钮，如图 10-25 所示。

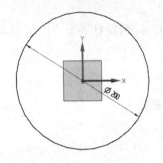

图 10-24　绘制圆

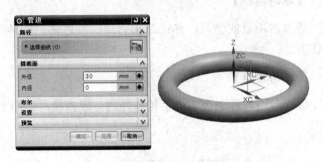

图 10-25　创建管道

4. 创建圆柱体

选择"圆柱体"命令，弹出"圆柱"对话框中，将"类型"设置为"轴、直径和高度"，将"指定矢量"设置为 ZC 轴方向，将"指定点"设置为(0，0，-65)，将"直径"设置为"100"，将"高度"设置为"30"，单击"确定"按钮，如图 10-26 所示。

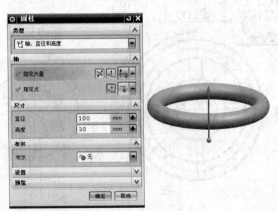

图 10-26　创建圆柱

5. 绘制草图

选择"插入"｜"任务环境中的草图"菜单命令，然后选择圆柱体上表面作为草绘平面，单击"确定"按钮，进入草绘环境，绘制草图，如图 10-27 所示。

6. 创建拉伸

选择"拉伸"命令，弹出"拉伸"对话框，将"选择曲线"设置为上一步绘制的草图，将开始值"距离"设置为"0"，将"结束"设置为"贯通"，将"布尔"设置为"求差"，单击"确定"按钮，如图 10-28 所示。

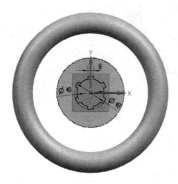

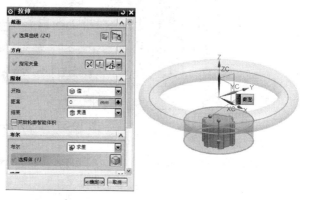

图 10-27　绘制草图 6

图 10-28　创建拉伸体 6

7. 绘制草图

选择"插入"｜"任务环境中的草图"菜单命令，然后选择 YC-ZC 基准平面，单击"确定"按钮，进入草绘环境，绘制草图，如图 10-29 所示。

8. 创建管道

选择"管道"命令，弹出"管道"对话框，将"选择曲线"设置为上一步绘制的草图，将"横截面"选项组中的"外径"设置为"20"，单击"确定"按钮，如图 10-30 所示。

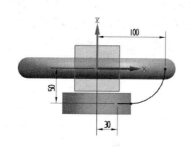

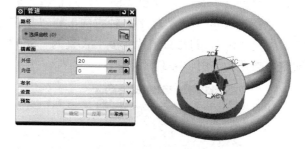

图 10-29　绘制草图 7

图 10-30　创建管道

9. 阵列特征

选择"插入"｜"关联复制"｜"阵列特征"菜单命令，弹出"阵列特征"对话框，将"选择特征"设置为上一步创建的特征，将"布局"设置为"圆形"，将"指定矢量"设置为 ZC 轴方向，将"指定点"设置为(0，0，0)，将"间距"设置为"数量和节距"，将"数量"设置为"4"，将"节距角"设置为"90"，单击"确定"按钮，如图 10-31 所示。

10. 绘制草图

选择"插入"｜"任务环境中的草图"菜单命令，然后选择 YC-ZC 基准平面，单击"确定"按钮，进入草绘环境，绘制草图，如图 10-32 所示。

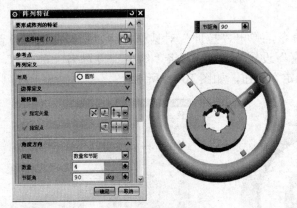

图 10-31　圆形阵列

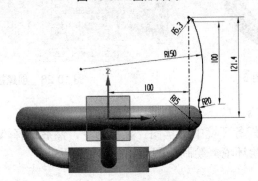

图 10-32　绘制草图 8

11. 创建回转

选择"回转"命令，弹出"回转"对话框，将"选择曲线"设置为上一步绘制的草图，将"指定矢量"设置为 ZC 轴方向，将"指定点"设置为(0，0，0)，将开始值"角度"设置为"0"，将结束值"角度"设置为"360"，将"布尔"设置为"求和"，单击"确定"按钮，如图 10-33 所示。

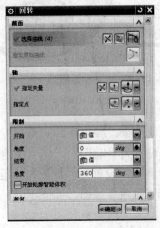
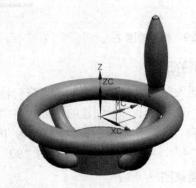

图 10-33　创建回转体

12. 保存文件

隐藏基准和草图，并保存文件，完成手轮零件的建模，如图 10-34 所示。

图 10-34　手轮零件三维实体图

10.3　凸轮的建模

【学习目标】

通过本项目的学习，熟练掌握点、艺术样条、螺旋线、拉伸、删除面、镜像特征等命令的应用与操作方法。

【学习重点】

综合运用各种命令完成凸轮零件的三维建模，如图 10-35 所示。

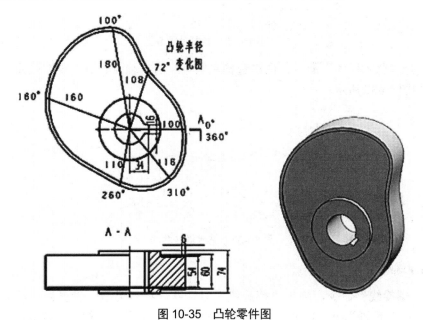

图 10-35　凸轮零件图

【建模步骤】

凸轮零件三维建模过程如下。

1. 新建文件

启动 UG NX 8.5 软件，新建部件文件 tulun.prt，再选择"开始"菜单中的"建模"命令，进入 UG NX 8.5 建模模块界面。

2. 绘制草图

(1) 选择"插入"｜"任务环境中的草图"菜单命令，然后选择 XC-YC 基准平面，单击"确定"按钮，进入草绘环境。

(2) 选择"直线"命令，分别绘制两条水平直线。

(3) 选择"几何约束"命令，将左侧直线的右端点放到 YC 轴上，两条直线长度相等。同时，约束两条直线在同一条直线上。

(4) 选择"尺寸约束"命令，标注左侧直线长度为 20，与 XC 轴距离为 100。同时，标注两条直线之间距离为 360。

(5) 选择"点"命令，分别绘制五个基准点，如图 10-36 所示。

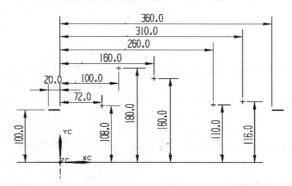

图 10-36　绘制草图 9

(6) 选择"艺术样条"命令，依次选择左侧直线的右端点、五个现有点及右侧直线的左端点，如图 10-37 所示。

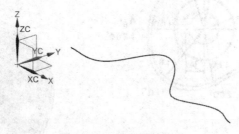

图 10-37　艺术样条曲线

3. 创建螺旋线

选择"螺旋线"命令，弹出"螺旋线"对话框，将"类型"设置为"沿矢量"，将"指定 CSYS"设置为(0，0，0)，将半径"规律类型"设置为"根据规律曲线"，将"规律曲线"设置为上一步创建的样条曲线，将螺距"规律类型"设置为"恒定"，将"值"设置为"0"，将"方法"设置为"圈数"，将"圈数"设置为"1"，单击"确定"按钮，生成凸轮零件轮廓曲线，隐藏原样条曲线，如图 10-38 所示。

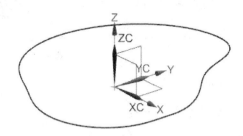

图 10-38　螺旋线

4. 创建拉伸

(1) 选择"拉伸"命令，弹出"拉伸"对话框，将"选择曲线"设置为上一步绘制的螺旋线，将开始值"距离"设置为"0"，将结束值"距离"设置为"60"，将"布尔"设置为"无"，单击"确定"按钮，如图 10-39 所示。

图 10-39　创建拉伸体 7

(2) 同理，创建拉伸特征，参数设置如图 10-40 所示。

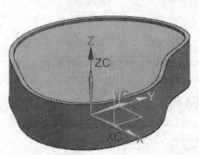

图 10-40　创建拉伸体 8

5. 镜像特征

选择"镜像特征"命令，将上一步创建的凹槽特征镜像到凸轮另一侧，如图 10-41 所示。

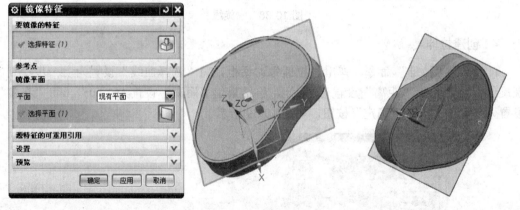

图 10-41　镜像特征

6. 绘制草图

选择"插入"｜"任务环境中的草图"菜单命令，选择凸轮凹槽上表面作为草绘平面，单击"确定"按钮，进入草绘环境，绘制草图，如图 10-42 所示。

7. 创建拉伸

选择"拉伸"命令，弹出"拉伸"对话框，将"选择曲线"设置为上一步绘制的草图，将开始值"距离"设置为"-64"，将结束值"距离"设置为"10"，将"布尔"设置为"求和"，单击"确定"按钮，如图 10-43 所示。

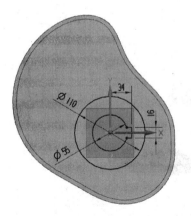

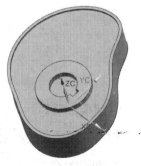

图 10-42 绘制草图 10 　　　　图 10-43 创建拉伸体 9

8. 同步建模

选择"同步建模"｜"删除面"菜单命令，依次选择键槽中上、下两个面，自动生成凸轮键槽，如图 10-44 所示。

9. 保存文件

隐藏基准和草图，并保存文件，完成凸轮零件的建模，如图 10-45 所示。

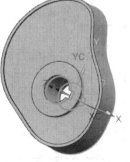

图 10-44 同步建模 　　　　图 10-45 凸轮零件三维实体图

10.4　钻头的建模

【学习目标】

通过本项目的学习，熟练掌握回转体、螺旋线、桥接、沿引导线扫掠、阵列特征、基准平面等命令的应用与操作方法。

【学习重点】

综合运用各种命令完成钻头的三维建模，如图 10-46 所示。

图 10-46　钻头零件图

【建模步骤】

钻头三维建模过程如下。

1. 新建文件

启动 UG NX 8.5 软件，新建部件文件 zuantou.prt，再选择"开始"菜单中的"建模"命令，进入 UG NX 8.5 建模模块界面。

2. 创建回转

(1) 选择"回转"命令，单击"绘制截面"按钮，再选择 YC-ZC 基准平面，单击"确定"按钮，进入草绘环境，绘制草图，如图 10-47 所示。

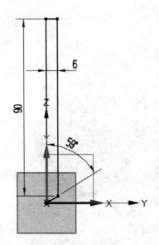

图 10-47　绘制草图 11

(2) 退出草图，将"指定矢量"设置为 ZC 轴方向，将"指定点"设置为(0，0，0)，将开始值"角度"设置为"0"，将结束值"角度"设置为"360"，将"布尔"设置为"无"，单击"确定"按钮，如图 10-48 所示。

3. 创建螺旋线

选择"螺旋线"命令，弹出"螺旋线"对话框，将"类型"设置为"沿矢量"，将半径"规律类型"设置为"恒定"，将"值"设置为"6"；将螺距"规律类型"设置为"恒定"，将"值"设置为"25"，将"方法"设置为"圈数"，将"圈数"设置为"3"，单击"确定"按钮，如图 10-49 所示。

图 10-48　创建回转体

图 10-49　螺旋线

4. 创建基准平面

选择"插入"｜"基准/点"｜"基准平面"菜单命令，创建一个基准平面，如图 10-50 所示。

图 10-50　创建基准平面 1

5. 绘制草图

选择"插入"｜"任务环境中的草图"菜单命令，然后选择上一步创建的基准平面作为草绘平面，单击"确定"按钮，进入草绘环境，绘制草图，如图 10-51 所示。

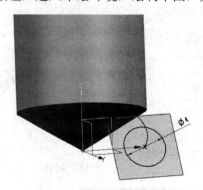

图 10-51　绘制草图圆 1

6. 创建基准平面

选择"插入"｜"基准/点"｜"基准平面"菜单命令，创建一个基准平面，如图 10-52 所示。

7. 绘制草图

选择"插入"｜"任务环境中的草图"菜单命令，然后选择上一步创建的基准平面作为草绘平面，单击"确定"按钮，进入草绘环境，绘制草图，如图 10-53 所示。

图 10-52　创建基准平面 2

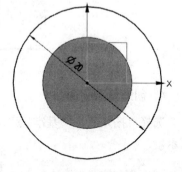

图 10-53　绘制草图圆 2

8. 创建桥接曲线

选择"桥接曲线"命令，参数设置如图 10-54 所示。

9. 创建沿引导线扫掠

选择"沿引导线扫掠"命令，弹出"沿引导线扫掠"对话框，将截面"选择曲线"设置为第 5 步绘制的草图，将引导线"选择曲线"设置为第 8 步绘制的曲线，将"布尔"设置为"求差"，如图 10-55 所示。

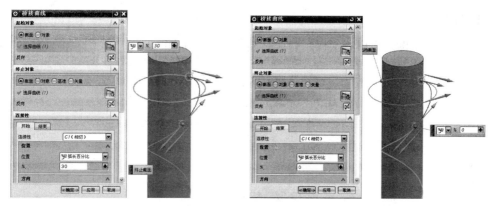

图 10-54　桥接曲线

图 10-55　沿引导线扫掠

10. 阵列特征

选择"阵列特征"命令，弹出"阵列特征"对话框，选择上一步创建的特征，将"布局"设置为"圆形"，将"指定矢量"设置为 ZC 轴方向，将"指定点"设置为(0，0，0)，将"间距"设置为"数量和节距"，将"数量"设置为"2"，将"节距角"设置为"180"，单击"确定"按钮，如图 10-56 所示。

图 10-56　圆形阵列

11. 保存文件

隐藏基准和草图，并保存文件，完成钻头的建模，如图 10-57 所示。

图 10-57　钻头三维实体图

10.5　套筒的建模

【学习目标】

通过本项目的学习，熟练掌握圆柱体、凸台、拉伸、孔、倒斜角、边倒圆、阵列特征、镜像特征、阵列面等命令的应用与操作方法。

【学习重点】

综合运用各种命令完成套筒零件的三维建模，如图 10-58 所示。

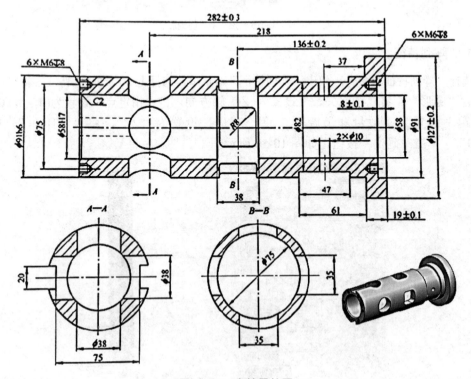

图 10-58　套筒零件图

【建模步骤】

套筒零件三维建模过程如下。

1. 新建文件

启动 UG NX 8.5 软件，新建部件文件 taotong.prt，再选择"开始"菜单中的"建模"命令，进入 UG NX 8.5 建模模块界面。

2. 创建圆柱体

选择"圆柱体"命令，弹出"圆柱"对话框，将"类型"设置为"轴、直径和高度"，将"指定矢量"设置为-YC 轴方向，将"指定点"设置为(0 0 0)，将"直径"设置为"127"，将"高度"设置为"19"，单击"确定"按钮，如图 10-59 所示。

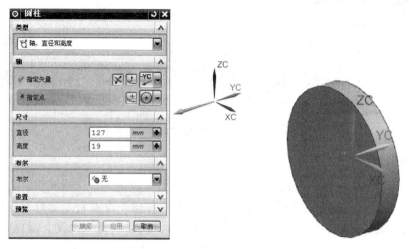

图 10-59　创建圆柱体 2

3. 创建凸台

(1) 选择"凸台"命令，弹出"凸台"对话框，将"直径"设置为"91"，将"高度"设置为"14"，然后选择放置的平面，单击"确定"按钮，弹出"定位"对话框，选择"点落在点上"定位方式，为凸台定位，如图 10-60 所示。

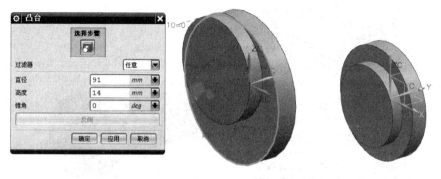

图 10-60　创建凸台 1

(2) 同理，创建凸台特征，参数设置如图 10-61 所示。

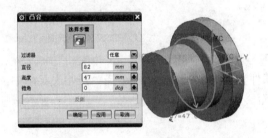

图 10-61　创建凸台 2

(3) 同理，创建凸台特征，参数设置如图 10-62 所示。

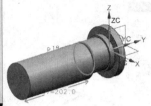

图 10-62　创建凸台 3

4. 创建沉头孔

选择"孔"命令，弹出"孔"对话框，将"类型"设置为"常规孔"，将"指定点"设置为第 2 步绘制的圆柱体外表面中心点，将"孔方向"设置为"垂直于面"，将"成形"设置为"沉头"，将"沉头直径"设置为"91"，将"沉头深度"设置为"8"，将"直径"设置为"58"，将"深度限制"设置为"贯通体"，将"布尔"设置为"求差"，单击"确定"按钮，如图 10-63 所示。

图 10-63　创建沉头孔

5. 创建倒斜角

选择"倒斜角"命令，弹出"倒斜角"对话框，将"横截面"设置为"对称"，将"距离"设置为"2"，点选相应的实体边界，单击"确定"按钮，如图 10-64 所示。

图 10-64　创建倒斜角

6. 创建⌀10 孔

选择"孔"命令，弹出"孔"对话框，将"类型"设置为"常规孔"，设置"指定点"时，单击绘制截面，选择 YC-ZC 基准平面，进入草绘界面，绘制一个点，退出草图，将"孔方向"设置为"沿矢量"，将"成形"设置为"简单"，将"直径"设置为"10"，将"深度限制"设置为"值"，将"深度"设置为"50"，将"布尔"设置为"求差"，单击"确定"按钮，如图 10-65 所示。

 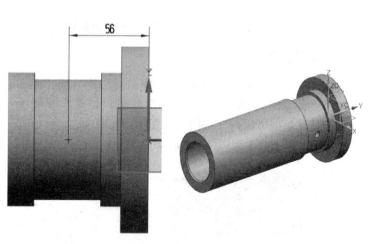

图 10-65　创建孔

7. 镜像特征

选择"镜像特征"命令，将⌀10 孔镜像到另一侧，如图 10-66 所示。

图 10-66　镜像特征

8. 绘制草图

选择"插入"｜"任务环境中的草图"菜单命令，然后选择 YC-ZC 基准平面，单击"确定"按钮，进入草绘环境，绘制草图，如图 10-67 所示。

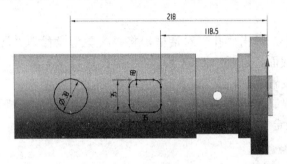

图 10-67　绘制草图 12

9. 创建拉伸

选择"拉伸"命令，弹出"拉伸"对话框，将"选择曲线"设置为上一步绘制的草图，将开始值"距离"设置为"0"，将"结束"设置为"贯通"，将"布尔"设置为"求差"，单击"确定"按钮，如图 10-68 所示。

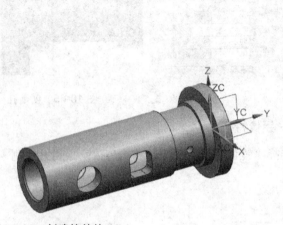

图 10-68　创建拉伸体 10

10. 阵列特征

选择"阵列特征"命令，弹出"阵列特征"对话框，选择上一步创建的特征，将"布局"设置为"圆形"，将"指定矢量"设置为 YC 轴方向，将"指定点"设置为(0, 0, 0)，将"间距"设置为"数量和节距"，将"数量"设置为"4"，将"节距角"设置为"90"，单击"确定"按钮，如图 10-69 所示。

图 10-69　圆形阵列

11. 绘制草图

选择"插入"｜"任务环境中的草图"菜单命令，然后选择套筒上表面作为草绘平面，单击"确定"按钮，进入草绘环境，绘制草图，如图 10-70 所示。

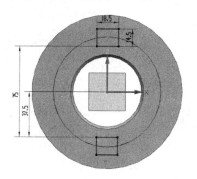

图 10-70　绘制矩形

12. 创建拉伸

选择"拉伸"命令，弹出"拉伸"对话框，将"选择曲线"设置为上一步绘制的草图，将开始值"距离"设置为"0"，将结束值"距离"设置为"70"，将"布尔"设置为"求差"，单击"确定"按钮，如图 10-71 所示。

13. 创建 ϕ6 孔

选择"孔"命令，弹出"孔"对话框，将"类型"设置为"常规孔"，将"指定点"设置为凹槽表面上，将"孔方向"设置为"沿矢量"，将"成形"设置为"简单"，将

"直径"设置为"6",将"深度"设置为"8",将"顶锥角"设置为"118",将"布尔"设置为"求差",单击"确定"按钮,如图10-72所示。

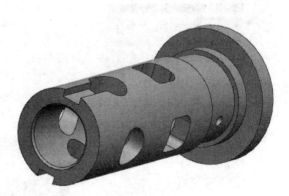

图 10-71　创建拉伸体 11

图 10-72　创建孔

14. 创建螺纹

选择"螺纹"命令,弹出"螺纹"对话框,将"螺纹类型"设置为"详细",选择上一步创建的孔内表面,将"大径"设置为"8",将"长度"设置为"8",将"螺距"设置为"1.25",将"角度"设置为"60",将"旋转"设置为"右旋",单击"确定"按钮,如图10-73所示。

15. 特征分组

创建特征分组,在"特征组名称"文本框中输入"1",如图10-74所示。

图 10-73　创建螺纹

图 10-74　特征分组

16. 阵列面特征

选择"阵列面"命令，弹出"阵列面"对话框，将"类型"设置为"圆形阵列"，将"选择面"设置为特征组 1，将"指定矢量"设置为 YC 轴方向，将"指定点"设置为(0，0，0)，将"角度"设置为"60"，将"圆数量"设置为"6"，单击"确定"按钮，如图 10-75 所示。

图 10-75　圆形阵列

17. 创建φ6孔

同理，创建孔特征，参数设置如图10-76所示。

图10-76　创建孔

18. 创建螺纹

同理，创建螺纹特征，参数设置如图10-77所示。

图10-77　创建螺纹

19. 特征分组

同理，创建特征分组，在"特征组名称"文本框中输入"2"，如图10-78所示。

图 10-78　特征分组

20. 阵列面特征

同理，创建阵列面特征，参数设置如图 10-79 所示。

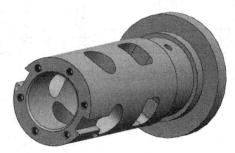

图 10-79　圆形阵列

21. 保存文件

隐藏基准和草图，并保存文件，完成套筒零件的建模，如图 10-80 所示。

图 10-80　套筒零件三维实体图

10.6　活塞的建模

【学习目标】

通过本项目的学习，熟练掌握拉伸、圆柱体、抽壳、槽、孔、边倒圆、倒斜角、镜像特征等命令的应用与操作方法。

【学习重点】

综合运用各种命令完成活塞零件的三维建模，如图 10-81 所示。

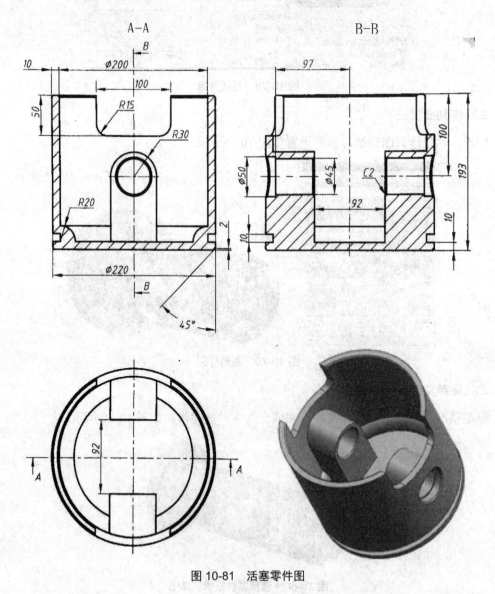

图 10-81　活塞零件图

【建模步骤】

活塞零件三维建模过程如下。

1. 新建文件

启动 UG NX 8.5 软件，新建部件文件 huosai.prt，再选择"开始"菜单中的"建模"命令，进入 UG NX 8.5 建模模块界面。

2. 创建圆柱体

选择"圆柱体"命令，弹出"圆柱"对话框，将"类型"设置为"轴、直径和高度"，将"指定矢量"设置为 ZC 轴方向，将"指定点"设置为(0，0，0)，将"直径"设置为"220"，将"高度"设置为"193"，将"布尔"设置为"无"，单击"确定"按钮，如图 10-82 所示。

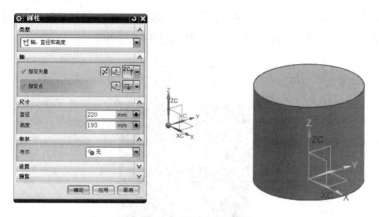

图 10-82　创建圆柱体 3

3. 创建沟槽

选择"槽"命令，选择矩形，选择放置的圆柱面，在"矩形槽"对话框中，将"槽直径"设置为"200"，将"宽度"设置为"10"，单击"确定"按钮，给槽定位后，再单击"确定"按钮，如图 10-83 所示。

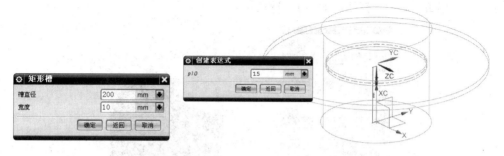

图 10-83　创建矩形槽

4. 创建抽壳

选择"抽壳"命令，将"类型"设置为"移除面，然后抽壳"，将"选择面"设置为圆柱体上表面，将"厚度"设置为"10"，单击"确定"按钮，如图 10-84 所示。

图 10-84　创建抽壳

5. 绘制草图

选择"插入"｜"任务环境中的草图"菜单命令，然后选择 YC-ZC 基准平面，单击"确定"按钮，进入草绘环境，绘制草图，如图 10-85 所示。

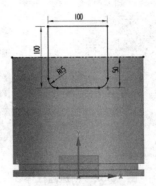

图 10-85　绘制草图 13

6. 创建拉伸

选择"拉伸"命令，弹出"拉伸"对话框，将"选择曲线"设置为上一步绘制的草图，将开始值"距离"设置为"-150"，将结束值"距离"设置为"150"，将"布尔"设置为"求差"，单击"确定"按钮，如图 10-86 所示。

图 10-86　创建拉伸体 12

7. 绘制草图

选择"插入"｜"任务环境中的草图"菜单命令，然后选择 YC-ZC 基准平面，单击"确定"按钮，进入草绘环境，绘制草图，如图 10-87 所示。

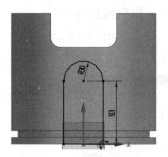

图 10-87　绘制草图 14

8. 创建拉伸

同理，创建拉伸特征，参数设置如图 10-88 所示。

图 10-88　创建拉伸体 13

9. 创建基准平面

选择"插入"｜"基准/点"｜"基准平面"菜单命令，创建一个基准平面，如图 10-89 所示。

图 10-89　创建基准平面 3

10. 创建沉头孔

选择"孔"命令，弹出"孔"对话框，将"类型"设置为"常规孔"，"指定点"选择绘制的截面，选择第 9 步基准平面，进入草绘界面，绘制一个点，退出草图，将"孔方向"设置为"垂直于面"，将"成形"设置为"沉头"，将"沉头直径"设置为"50"，将"沉头深度"设置为"13"，将"直径"设置为"45"，将深度限制值"深度"设置为"80"，将"布尔"设置为"求差"，单击"确定"按钮，如图 10-90 所示。

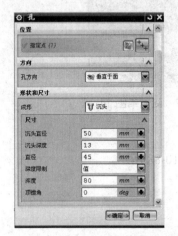

图 10-90　创建沉头孔

11. 创建倒斜角

选择"倒斜角"命令，弹出"倒斜角"对话框，将"横截面"设置为"对称"，将"距离"设置为"2"，点选相应的实体边界，单击"确定"按钮，如图 10-91 所示。

图 10-91　创建倒斜角

12. 特征分组

创建特征分组，在"特征组名称"文本框中输入"1"，如图 10-92 所示。

13. 镜像特征

选择"镜像特征"命令，将"选择特征"设置为"特征组 1"，将"平面"设置为 YC-ZC 基准平面，单击"确定"按钮，如图 10-93 所示。

图 10-92　特征分组

图 10-93　镜像特征

14. 创建边倒圆

选择"边倒圆"命令，弹出"边倒圆"对话框，将"形状"设置为"圆形"，将"半径"设置为"20"，点选相应的实体边界，单击"确定"按钮，如图 10-94 所示。

图 10-94　创建边倒圆

15. 创建倒斜角

选择"倒斜角"命令，弹出"倒斜角"对话框，将"横截面"设置为"对称"，将"距离"设置为"2"，点选相应的实体边界，单击"确定"按钮，如图 10-95 所示。

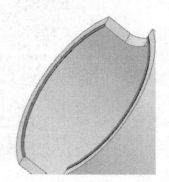

图 10-95　创建倒斜角

16. 保存文件

隐藏基准和草图，并保存文件，完成活塞零件的建模，如图 10-96 所示。

图 10-96　活塞零件三维实体图

10.7　四通阀的建模

【学习目标】

通过本项目的学习，熟练掌握圆柱体、凸台、腔体、孔、长方体、边倒圆等命令的应用与操作方法。

【学习重点】

综合运用各种命令完成四通阀零件的三维建模，如图 10-97 所示。

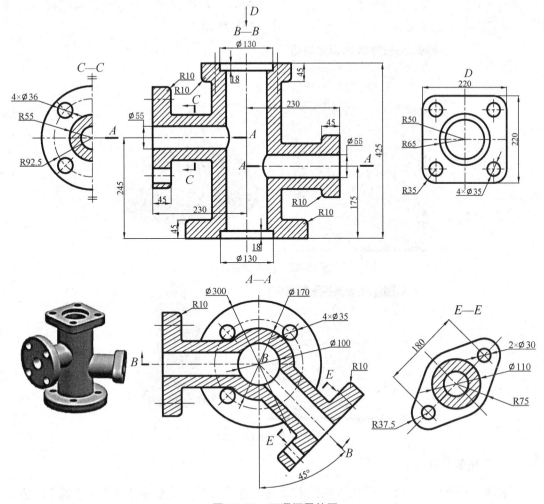

图 10-97 四通阀零件图

【建模步骤】

四通阀零件三维建模过程如下。

1．新建文件

启动 UG NX 8.5 软件，新建部件文件 sitongfa.prt，再选择"开始"菜单中的"建模"命令，进入 UG NX 8.5 建模模块界面。

2．创建圆柱体

选择"圆柱体"命令，弹出"圆柱"对话框，将"类型"设置为"轴、直径和高度"，将"指定矢量"设置为 ZC 轴方向，将"指定点"设置为(0，0，0)，将"直径"设置为"300"，将"高度"设置为"45"，将"布尔"设置为"无"，单击"确定"按钮，如图 10-98 所示。

3．创建凸台

选择"凸台"命令，弹出"凸台"对话框，将"直径"设置为"170"，将"高度"

设置为"335",然后选择放置的平面,单击"确定"按钮,弹出"定位"对话框,选择"点落在点上"定位方式,为凸台定位,如图 10-99 所示。

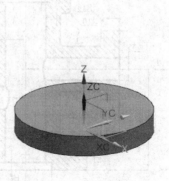

图 10-98　创建圆柱体 4

图 10-99　创建凸台

4. 创建长方体

选择"长方体"命令,弹出"块"对话框,将"类型"设置为"原点和边长",将左下角的顶点设置为(-110,-110,380),单击"确定"按钮,将"长度"设置为"220",将"宽度"设置为"220",将"高度"设置为"45",单击"确定"按钮,如图 10-100 所示。

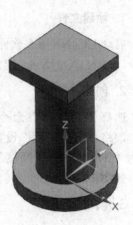

图 10-100　创建长方体

5. 创建边倒圆

选择"边倒圆"命令，弹出"边倒圆"对话框，将"形状"设置为"圆形"，将"半径"设置为"35"，点选相应的实体边界，单击"确定"按钮，如图 10-101 所示。

图 10-101　创建边倒圆

6. 创建沉头孔

选择"孔"命令，弹出"孔"对话框，将"类型"设置为"常规孔"，将"指定点"设置为圆柱体中心点，将"孔方向"设置为"垂直于面"，将"成形"设置为"沉头"，将"沉头直径"设置为"130"，将"沉头深度"设置为"18"，将"直径"设置为"100"，将"深度限制"设置为"贯通体"，将"布尔"设置为"求差"，单击"确定"按钮，如图 10-102 所示。

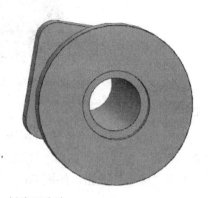

图 10-102　创建沉头孔

7. 创建 ϕ35 孔

同理，创建四个 ϕ35 孔，参数设置如图 10-103 所示。

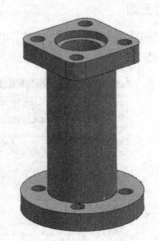

图 10-103　创建孔

8. 绘制草图

选择"插入"｜"任务环境中的草图"菜单命令，然后选择 XC-ZC 基准平面，单击"确定"按钮，进入草绘环境，绘制草图，如图 10-104 所示。

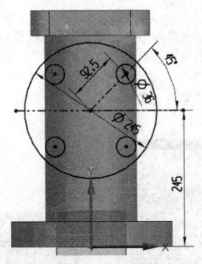

图 10-104　绘制草图 15

9. 创建拉伸

选择"拉伸"命令，弹出"拉伸"对话框，将"选择曲线"设置为上一步绘制的草图，将开始值"距离"设置为"185"，将结束值"距离"设置为"230"，将"布尔"设置为"无"，单击"确定"按钮，如图 10-105 所示。

10. 绘制草图

选择"插入"｜"任务环境中的草图"菜单命令，然后选择上一步创建的圆柱体外表面作为草绘平面，单击"确定"按钮，进入草绘环境，绘制草图，如图 10-106 所示。

图 10-105　创建拉伸体 14

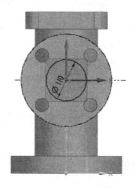

图 10-106　绘制草图 16

11. 创建拉伸

选择"拉伸"命令，弹出"拉伸"对话框，将"选择曲线"设置为上一步绘制的草图，将开始值"距离"设置为"0"，将"结束"设置为"直至选定"，将"布尔"设置为"无"，单击"确定"按钮，如图 10-107 所示。

图 10-107　创建拉伸体 15

12. 创建φ55孔

同理，创建一个φ55孔，参数设置如图10-108所示。

图 10-108　创建孔

13. 创建基准平面

选择"插入" | "基准/点" | "基准平面"菜单命令，创建一个基准平面，如图 10-109 所示。

图 10-109　创建基准平面

14. 绘制草图

选择"插入" | "任务环境中的草图"菜单命令，然后选择上一步创建的基准平面作为草绘平面，单击"确定"按钮，进入草绘环境，绘制草图，如图 10-110 所示。

15. 创建拉伸

选择"拉伸"命令，弹出"拉伸"对话框，将"选择曲线"设置为上一步绘制的草图，将开始值"距离"设置为"185"，将结束值"距离"设置为"230"，将"布尔"设置为"无"，单击"确定"按钮，如图 10-111 所示。

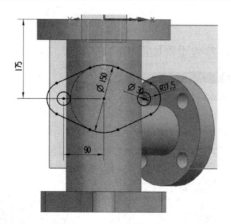

图 10-110　绘制草图 17

图 10-111　创建拉伸体 16

16. 绘制草图

选择"插入" | "任务环境中的草图"菜单命令，然后选择上一步创建的特征外表面作为草绘平面，单击"确定"按钮，进入草绘环境，绘制草图，如图 10-112 所示。

图 10-112　绘制草图 18

17. 创建拉伸

同理，创建拉伸特征，参数设置如图 10-113 所示。

图 10-113　创建拉伸体 17

18. 创建 ϕ55 孔

同理，创建一个 ϕ55 孔，参数设置如图 10-114 所示。

图 10-114　创建孔

19. 创建边倒圆

(1) 选择"边倒圆"命令，弹出"边倒圆"对话框，将"形状"设置为"圆形"，将"半径"设置为"10"，点选相应的实体边界，单击"应用"按钮，如图 10-115 所示。

图 10-115　创建边倒圆 1

(2) 同理，创建边倒圆，参数设置如图 10-116 所示。

图 10-116　创建边倒圆 2

20. 保存文件

隐藏基准和草图，并保存文件，完成四通阀零件的建模，如图 10-117 所示。

图 10-117　四通阀零件三维实体图

10.8 叶轮的建模

【学习目标】

通过本项目的学习，熟练掌握圆柱体、偏置曲面、修剪曲线、扫掠、投影、加厚、边倒圆、移动对象、基准平面、求和等命令的应用与操作方法。

【学习重点】

综合运用各种命令完成叶轮零件的三维建模，如图 10-118 所示。

图 10-118 叶轮零件图

【建模步骤】

叶轮零件三维建模过程如下。

1. 新建文件

启动 UG NX 8.5 软件，新建部件文件 yelun.prt，再选择"开始"菜单中的"建模"命令，进入 UG NX 8.5 建模模块界面。

2. 创建拉伸体

(1) 选择"拉伸"命令，单击"绘制截面"按钮，再选择 XC-YC 基准平面，单击"确定"按钮，进入草绘环境，绘制草图，如图 10-119 所示。

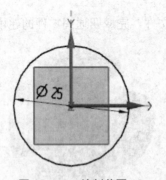

图 10-119 绘制草图 19

(2) 退出草图，参数设置如图 10-120 所示。

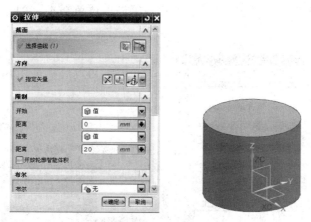

图 10-120　创建拉伸体 18

3. 偏置曲面

选择"偏置曲面"命令，弹出"偏置曲面"对话框，将"选择面"设置为圆柱体外表面，将"偏置 1"设置为"50"，单击"确定"按钮，如图 10-121 所示。

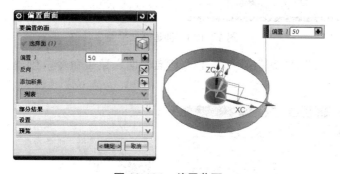

图 10-121　偏置曲面

4. 创建基准平面

(1) 选择"插入"｜"基准/点"｜"基准平面"菜单命令，将 XC-ZC 基准平面沿 YC 方向偏置 80，如图 10-122 所示。

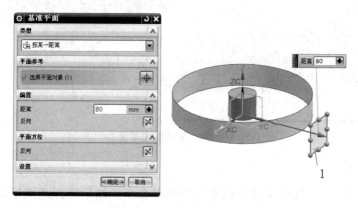

图 10-122　创建基准平面 1

(2) 选择"插入"｜"基准/点"｜"基准平面"菜单命令，创建一个基准平面，如图 10-123 所示。

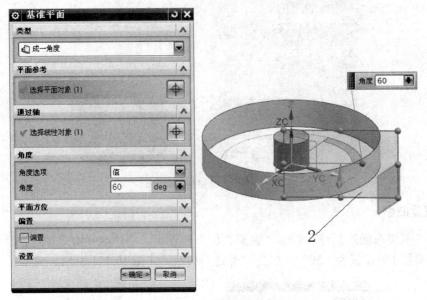

图 10-123　创建基准平面 2

(3) 选择"插入"｜"基准/点"｜"基准平面"菜单命令，创建一个基准平面，如图 10-124 所示。

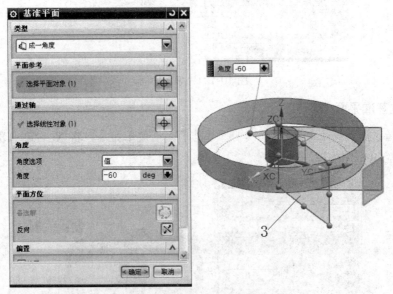

图 10-124　创建基准平面 3

5. 绘制草图

选择"插入"｜"任务环境中的草图"菜单命令，然后选择基准平面 1，单击"确定"按钮，进入草绘界面，绘制草图，如图 10-125 所示。

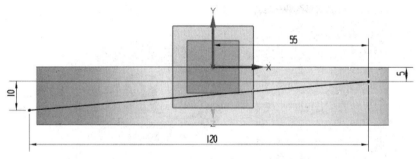

图 10-125　绘制草图

6. 修剪曲线

选择"修剪曲线"命令，参数设置如图 10-126 所示。

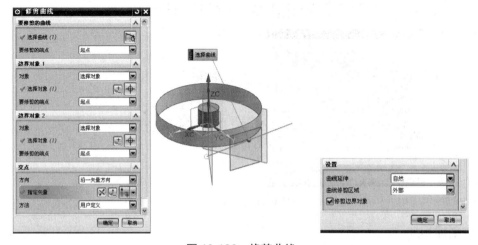

图 10-126　修剪曲线

7. 投影曲线

(1) 选择"投影"命令，弹出"投影曲线"对话框，将"选择曲线或点"设置为上一步绘制的曲线，将"指定平面"设置为第 3 步绘制的曲面，将投影"方向"设置为沿面的法向，单击"确定"按钮，如图 10-127 所示。

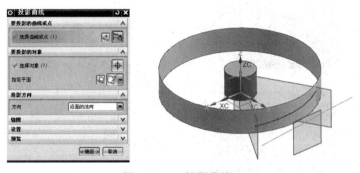

图 10-127　投影曲线 1

(2) 同理投影曲线，如图 10-128 所示。

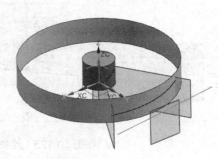

图 10-128　投影曲线 2

8. 绘制直线

选择"直线"命令，绘制两条空间直线，如图 10-129 所示。

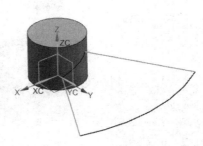

图 10-129　绘制直线

9. 创建扫掠

选择"扫掠"命令，弹出"扫掠"对话框。选择截面的方法是：选取截面 1，单击鼠标中键，当该曲线一端出现箭头时，再选取截面 2，当该曲线一端出现箭头时，单击鼠标中键两下；选择引导线的方法是：选取引导线 1，当该曲线一端出现箭头时，单击鼠标中键，选取引导线 2，当该曲线一端出现箭头时，单击"确定"按钮，如图 10-130 所示。

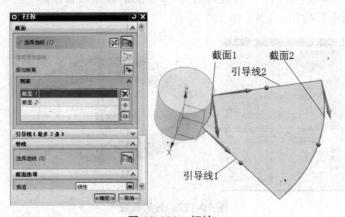

图 10-130　扫掠

10. 曲面加厚

选择"加厚"命令，弹出"加厚"对话框，将"选择面"设置为上一步绘制的曲面，将"偏置 1"设置为"1.5"，单击"确定"按钮，如图 10-131 所示。

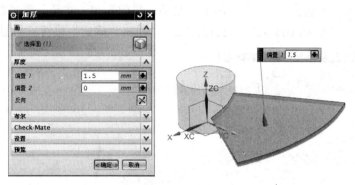

图 10-131　曲面加厚

11. 创建边倒圆

(1) 选择"边倒圆"命令，弹出"边倒圆"对话框中，将"形状"设置为"圆形"，将"半径"设置为"8"，点选相应的实体边界，单击"确定"按钮，如图 10-132 所示。

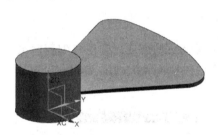

图 10-132　创建边倒圆 1

(2) 同理，创建边倒圆特征，参数设置如图 10-133 所示。

图 10-133　创建边倒圆 2

12. 移动对象

选择"移动对象"命令，弹出"移动对象"对话框，将"选择对象"设置为叶片，将"运动"设置为"角度"，将"指定矢量"设置为 ZC 轴方向，将"指定点"设置为(0，0，0)，将"角度"设置为"120"，选中"复制原先的"单选按钮，将"距离/角度分割"设置为"1"，将"非关联副本数"设置为"2"，单击"确定"按钮，如图 10-134 所示。

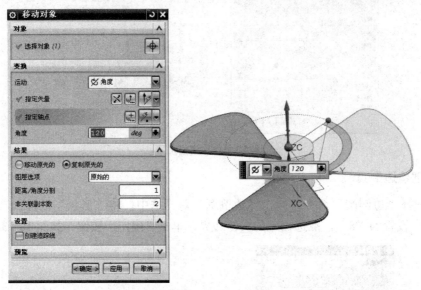

图 10-134　移动对象

13. 偏置面

选择"偏置区域"命令，弹出"偏置区域"对话框，将"选择面"设置为圆柱体外表面，将"距离"设置为"0.5"，将方向设置为"向外"，单击"确定"按钮，如图 10-135 所示。

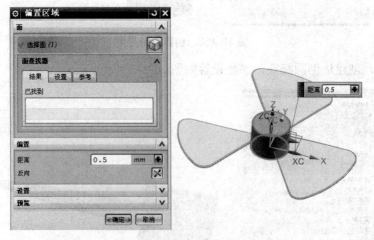

图 10-135　偏置面

14. 创建边倒圆

选择"边倒圆"命令，弹出"边倒圆"对话框，将"形状"设置为"圆形"，将"半径"设置为"0.5"，点选相应的实体边界，单击"确定"按钮，如图 10-136 所示。

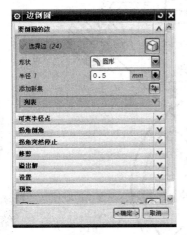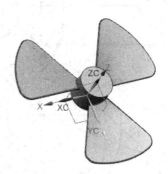

图 10-136　创建边倒圆 3

15. 组合特征

选择"求和"命令，进行各部件组合。

16. 保存文件

隐藏基准和草图，并保存文件，完成叶轮零件的建模，如图 10-137 所示。

图 10-137　叶轮零件三维实体图

10.9　吊钩的建模

【学习目标】

通过本项目的学习，熟练掌握圆柱体、偏置曲面、修剪曲线、扫掠、投影、加厚、边倒圆、移动对象、基准平面、求和等命令的应用与操作方法。

【学习重点】

综合运用各种命令完成吊钩零件的三维建模，如图 10-138 所示。

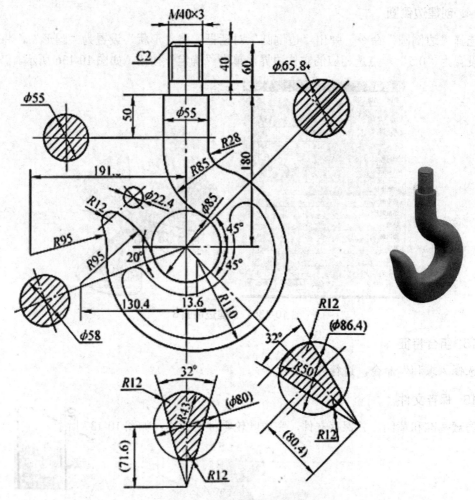

图 10-138 吊钩零件图

【建模步骤】

吊钩零件三维建模过程如下。

1. 新建文件

启动 UG NX 8.5 软件，新建部件文件 diaogou.prt，再选择"开始"菜单中的"建模"命令，进入 UG NX 8.5 建模模块界面。

2. 绘制草图

(1) 选择"插入"｜"任务环境中的草图"菜单命令，然后选择 YC-ZC 基准平面，单击"确定"按钮，进入草绘环境。

(2) 选择"圆"命令，绘制一个 φ85 的圆，约束圆心在坐标系原点。再绘制一个 R110 的圆，约束圆心在与 x 轴成 45° 的线上，并与 y 轴之间距离为 13.6，如图 10-139 所示。

(3) 选择"圆弧"命令，绘制 R95 的圆弧，圆心距离 y 轴为 130.4，约束下端与 φ85 的圆相切。同理，再绘制 R95 的圆弧，圆心距离 y 轴为 191，约束下端与 R110 的圆相切，如图 10-140 所示。

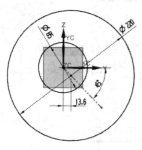

图 10-139　绘制圆

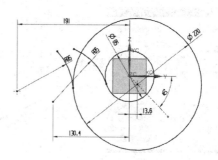

图 10-140　绘制圆弧

(4) 选择"圆角"命令，倒圆角 R12，如图 10-141 所示。

(5) 选择"直线"命令，绘制一段水平直线，标注长度为 55，与 x 轴距离为 180，并将直线设为与 y 轴左右对称，再绘制两条竖直直线，如图 10-142 所示。

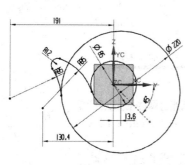

图 10-141　绘制圆角

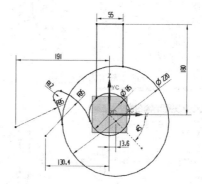

图 10-142　绘制直线

(6) 选择"圆角"命令，分别倒圆角 R28、R85，并对草图进行修剪，如图 10-143 所示。

(7) 选择"直线"命令，分别绘制六段辅助直线，其中直线 5 分别过两圆弧 R95 上端点，直线 6 过直线 5 和圆弧 R12 中点，如图 10-144 所示。

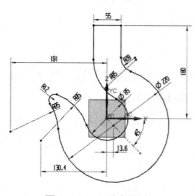

图 10-143　绘制圆角

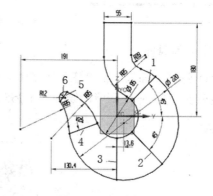

图 10-144　绘制直线

3. 创建基准面

选择"插入"｜"基准/点"｜"基准平面"菜单命令，创建六个基准平面，如图 10-145 所示。

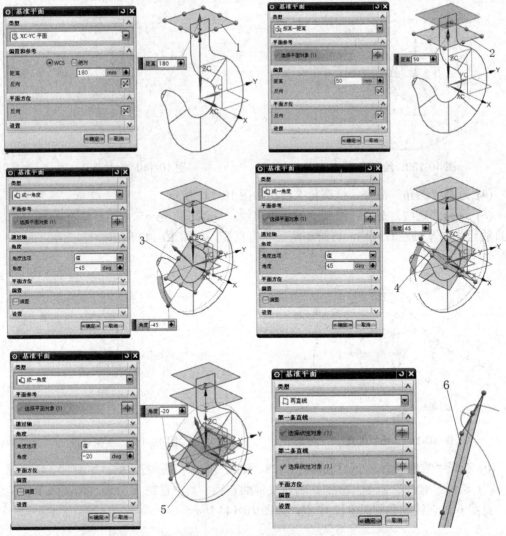

图 10-145　创建基准平面

4. 绘制草图

(1) 选择"插入"｜"任务环境中的草图"菜单命令，然后选择基准平面 1，单击"确定"按钮，进入草绘环境，绘制一个 ϕ55 的圆，如图 10-146 所示。

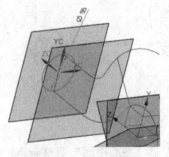

图 10-146　绘制草图 20

(2) 选择"投影"菜单命令，将φ55 圆投影到基准平面 2，如图 10-147 所示。

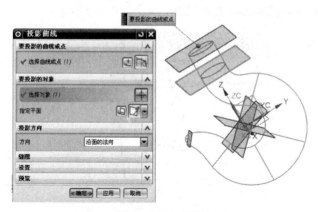

图 10-147 投影

(3) 选择"插入"｜"任务环境中的草图"菜单命令，然后选择基准平面 3，单击"确定"按钮，进入草绘环境，绘制一个φ65.8 的圆，如图 10-148 所示。

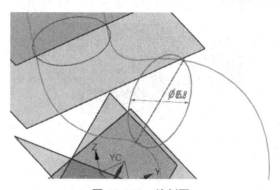

图 10-148 绘制圆

(4) 选择"插入"｜"任务环境中的草图"菜单命令，然后选择基准平面 4，单击"确定"按钮，进入草绘环境，绘制草图，如图 10-149 所示。

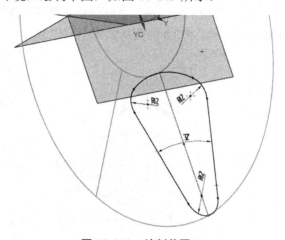

图 10-149 绘制草图 21

(5) 选择"插入"|"任务环境中的草图"菜单命令，然后选择 XC-ZC 基准平面，单击"确定"按钮，进入草绘环境，绘制草图，如图 10-150 所示。

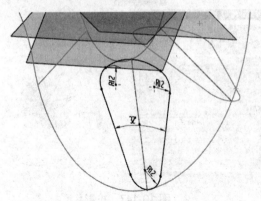

图 10-150　绘制草图 22

(6) 选择"插入"|"任务环境中的草图"菜单命令，然后选择基准平面 5，单击"确定"按钮，进入草绘环境，绘制一个 $\phi58$ 的圆，如图 10-151 所示。

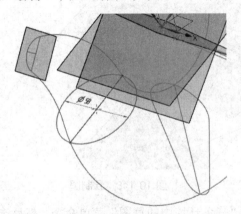

图 10-151　绘制 $\phi58$ 圆

(7) 选择"插入"|"任务环境中的草图"菜单命令，然后选择基准平面 6，单击"确定"按钮，进入草绘环境，绘制一个 $\phi22.8$ 的圆，如图 10-152 所示。

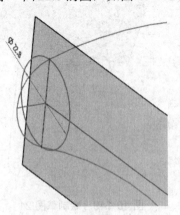

图 10-152　绘制 $\phi22.8$ 圆

5. 隐藏基准

选择"隐藏"命令，隐藏所有基准平面。

6. 创建一侧曲面

选择"通过曲线网格"命令，弹出"通过曲线网格"对话框，选择单条曲线，在相交处停止，依次从上选择主曲线，每次选完一条曲线，单击鼠标中键，该曲线一端会出现箭头，共选取七条曲线和一个点，单击鼠标中键两下；选择相连曲线，在相交处停止，再依次选择交叉曲线，每次选完一条曲线，单击鼠标中键，该曲线一端会出现箭头，共选取两条曲线，单击"确定"按钮，如图 10-153 所示。

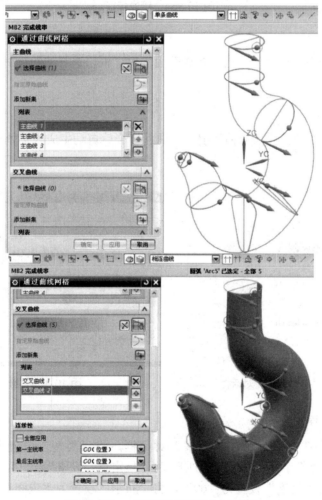

图 10-153　"通过曲线网格"对话框

7. 创建另侧曲面

选择"镜像特征"命令，将片体镜像到另一侧，如图 10-154 所示。

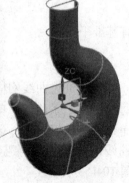

图 10-154　镜像特征

8. 创建曲面

选择"有界平面"命令，弹出"有界平面"对话框，选择曲线为最上部的 ϕ55 圆，如图 10-155 所示。

9. 缝合曲面

选择"缝合"命令，将所有曲面缝合，曲面缝合后自动生成为实体模型，如图 10-156 所示。

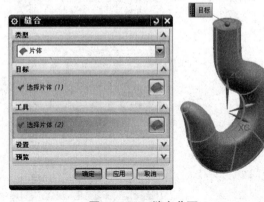

图 10-155　"有界平面"对话框　　　　　图 10-156　缝合曲面

10. 创建圆柱体

选择"圆柱体"命令，弹出"圆柱"对话框，将"类型"设置为"轴、直径和高度"，将"指定矢量"设置为 ZC 轴方向，将"指定点"设置为(0，0，180)，将"直径"设置为"40"，将"高度"设置为"60"，将"布尔"设置为"求和"，单击"确定"按钮，如图 10-157 所示。

11. 创建倒斜角

选择"倒斜角"命令，弹出"倒斜角"对话框，将"横截面"设置为"对称"，将"距离"设置为"2"，点选相应的实体边界，单击"确定"按钮，如图 10-158 所示。

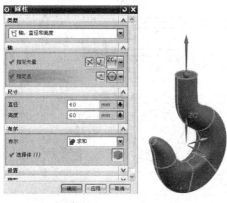

图 10-157　创建圆柱体

图 10-158　创建倒斜角

12. 创建螺纹

选择"螺纹"命令，参数设置如图 10-159 所示。

13. 保存文件

隐藏基准和草图，并保存文件，完成吊钩零件的建模，如图 10-160 所示。

图 10-159　创建螺纹

图 10-160　吊钩零件三维实体图

本 章 小 结

通过本章的学习，读者综合运用前面章节所学内容完成零件的三维建模。

技能实战训练题

试根据图 10-161～图 10-170 所示的零件尺寸要求，完成三维实体建模。

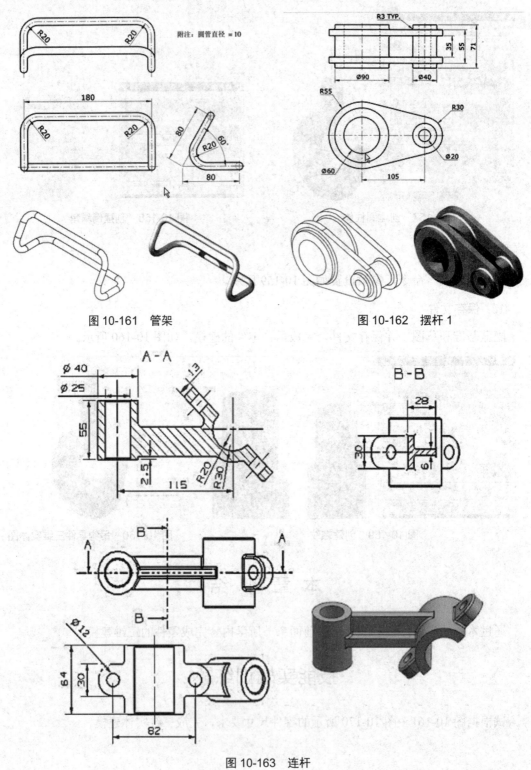

附注：圆管直径 = 10

图 10-161　管架

图 10-162　摆杆 1

图 10-163　连杆

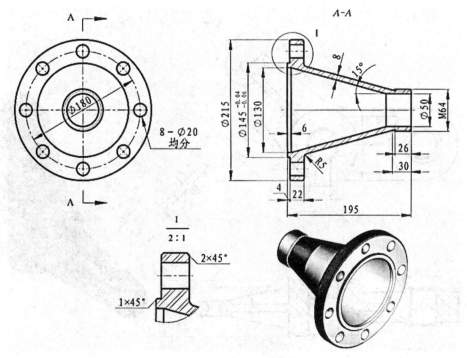

图 10-164 喷嘴 1

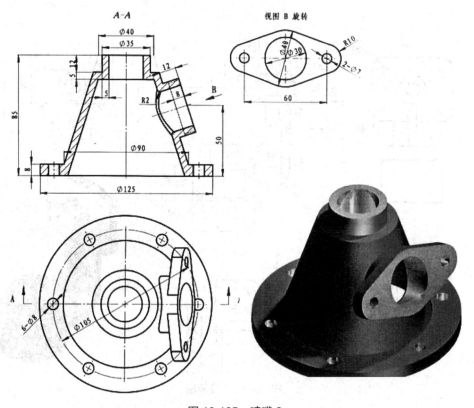

图 10-165 喷嘴 2

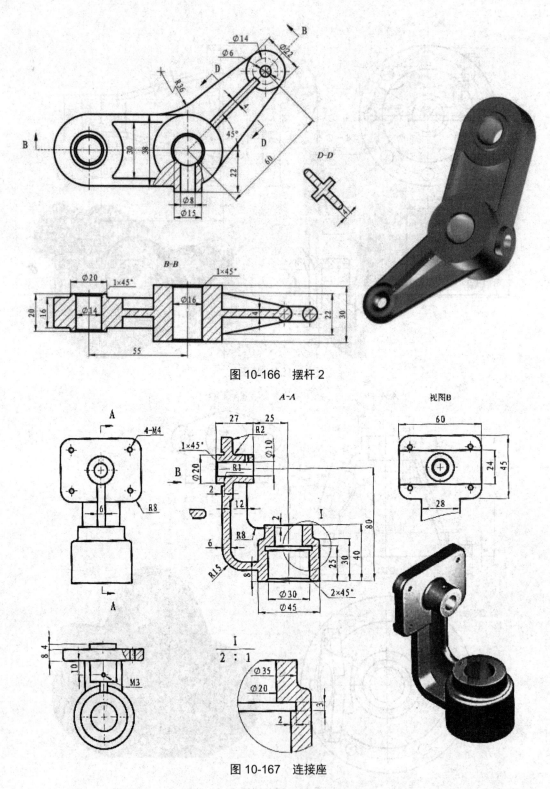

图 10-166　摆杆 2

图 10-167　连接座

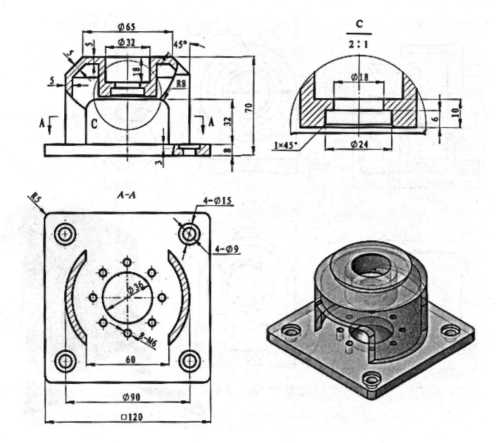

图 10-168　支承座

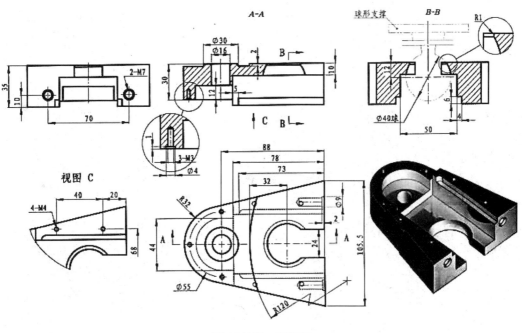

图 10-169　摆杆架

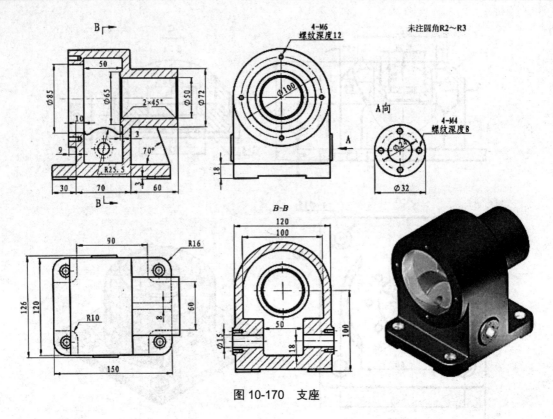

图 10-170　支座

第 11 章 虚 拟 装 配

UG NX 8.5 的虚拟装配是在装配中建立部件之间的链接关系，它是通过配对条件在部件间建立约束关系来确定部件在产品中的位置。在装配中，部件的几何体是被装配引用，而不是被复制到装配中，不管如何编辑部件以及在何处编辑部件，整个装配部件都会保持配对性。如果某一个部件被修改，则引用它的装配部件会自动更新，从而反映出部件的最新变化。本章主要介绍平口虎钳和夹紧卡爪虚拟装配的相关知识。

11.1 平口虎钳装配

【学习目标】

通过本项目的学习，熟练掌握虚拟装配、装配约束、自顶向下的装配、自底向上的装配等命令的应用与操作方法。

【学习重点】

创建平口虎钳各零部件三维实体模型，并完成虚拟装配操作。平口虎钳各零部件如图 11-1 所示。

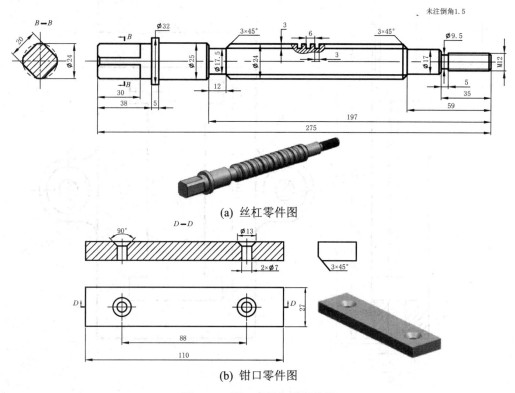

(a) 丝杠零件图

(b) 钳口零件图

图 11-1 平口虎钳各零部件图

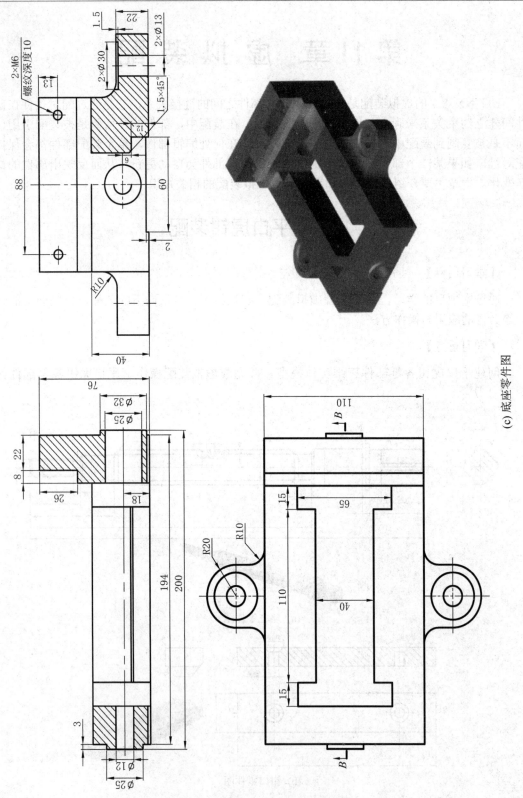

图 11-1　平口虎钳各零部件图(续)

(c) 底座零件图

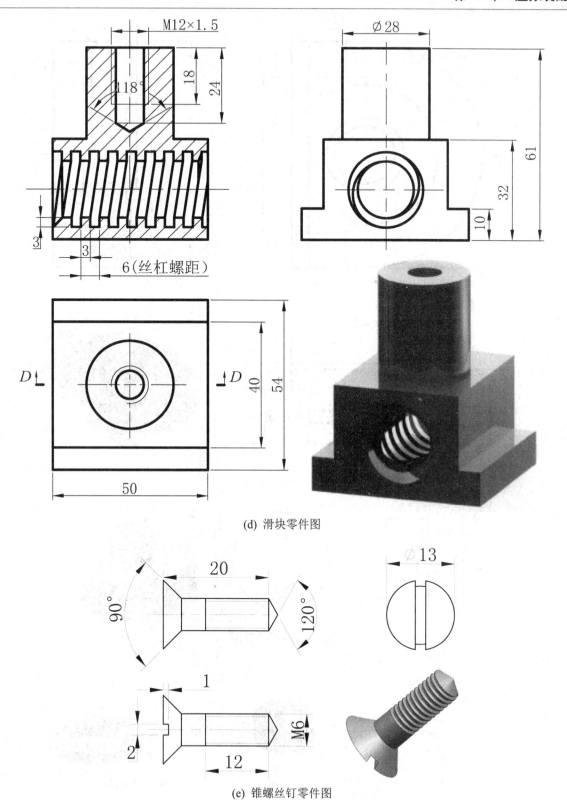

(d) 滑块零件图

(e) 锥螺丝钉零件图

图 11-1　平口虎钳各零部件图(续)

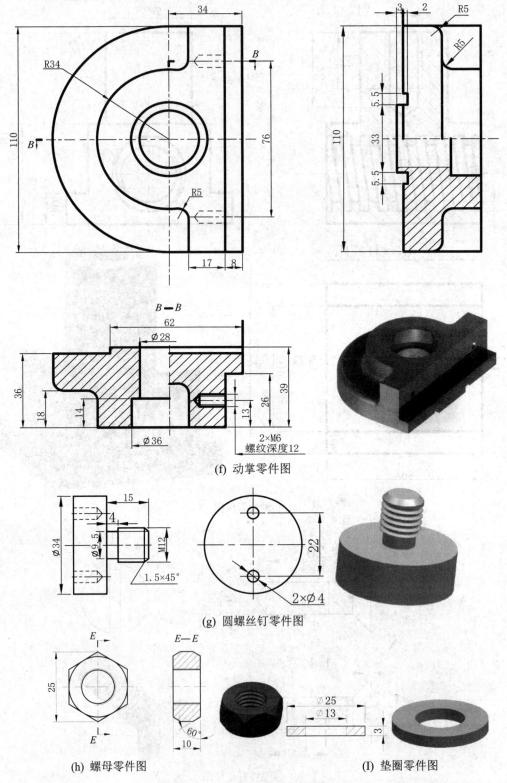

(f) 动掌零件图

(g) 圆螺丝钉零件图

(h) 螺母零件图

(I) 垫圈零件图

图 11-1　平口虎钳各零部件图(续)

【装配步骤】

平口虎钳各零部件装配过程如下。

1. 新建文件

启动 UG NX 8.5 软件，新建文件 huqian.prt，再选择"模型"菜单中的"装配"命令，进入 UG NX 8.5 装配模块界面。

2. 装入虎钳底座零件

选择"装配"工具栏中的"添加组件"命令，弹出"添加组件"对话框，选择部件 huqiandizuo，将"定位"设置为"绝对原点"，单击"确定"按钮，如图 11-2 所示。

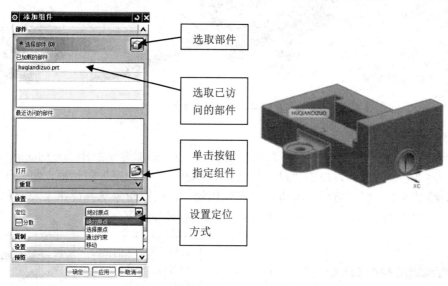

图 11-2　添加虎钳底座零件

3. 装入滑块零件

选择"装配"|"组件"|"添加组件"命令，添加选择部件 huakuai，将"定位"设置为"通过约束"，单击"确定"按钮，弹出"装配约束"对话框，将"类型"设置为"同心"，约束对象选择滑块的孔中心与虎钳内侧壁孔中心，如图 11-3 所示，单击"确定"按钮，完成滑块装配约束。

图 11-3　添加滑块零件

4. 装入丝杠零件

选择"装配"｜"组件"｜"添加组件"命令，添加选择部件 sigang，将"定位"设置为"通过约束"，单击"确定"按钮，弹出"装配约束"对话框，将"类型"设置为"同心"，约束对象选择丝杠轴 ϕ32mm 外径处与虎钳外侧壁孔，如图 11-4 所示，单击"确定"按钮，完成丝杠的装配约束。

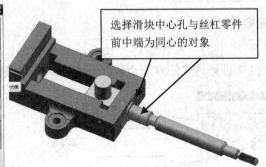

图 11-4　添加丝杠零件

5. 装入动掌零件

(1) 选择"装配"｜"组件"｜"添加组件"命令，添加选择部件 dongzhang，将"定位"设置为"通过约束"，单击"确定"按钮，弹出"装配约束"对话框，将"类型"设置为"接触对齐"，将"方位"设置为"首选接触"，约束对象选择虎钳上表面和动掌下底面，如图 11-5 所示，单击"应用"按钮，完成接触对齐约束。

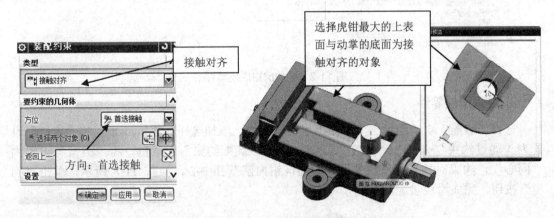

图 11-5　添加动掌零件

(2) 继续对动掌进行装配约束。将"类型"设置为"接触对齐"，将"方位"设置为"自动判断中心/轴"，约束对象选择动掌中心孔轴线和滑块圆柱中心轴线，如图 11-6 所示，单击"确定"按钮，完成动掌与虎钳底座的接触对齐约束。

(3) 动掌和底座钳口平行约束。将"类型"设置为"平行"，约束对象选择底座钳口内表面和动掌钳口表面，单击"确定"按钮，完成动掌零件装配约束。

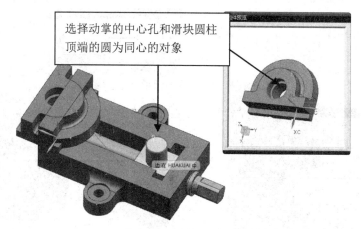

选择动掌的中心孔和滑块圆柱
顶端的圆为同心的对象

图 11-6 接触对齐约束

6. 装入钳口零件 1

选择"装配"｜"组件"｜"添加组件"命令，添加选择部件 qiankou，将"定位"设置为"通过约束"，单击"确定"按钮，弹出"装配约束"对话框，将"类型"设置为"同心"，约束对象选择钳口孔和虎钳底座上对应孔，如图 11-7 所示，单击"确定"按钮，完成装配约束。

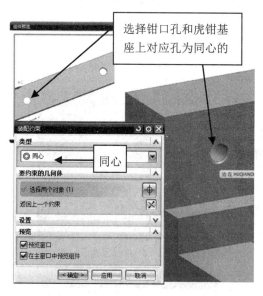
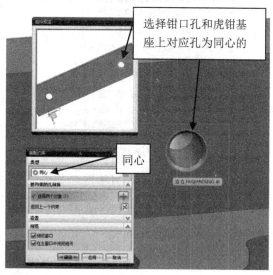

选择钳口孔和虎钳基
座上对应孔为同心的

选择钳口孔和虎钳基
座上对应孔为同心的

图 11-7 添加钳口零件

7. 装入锥螺丝钉

选择"装配"｜"组件"｜"添加组件"命令，添加选择部件 zhuiluosiding，将"定位"设置为"通过约束"，单击"确定"按钮，弹出"装配约束"对话框，将"类型"设置为"同心"，约束对象选择螺丝钉的螺帽和钳口对应孔，如图 11-8 所示，单击"确定"按钮，完成装配约束。

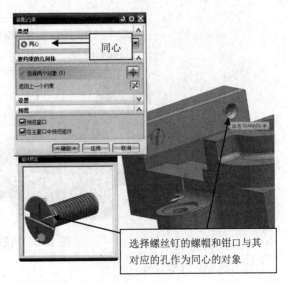

图 11-8　添加锥螺丝钉

8. 装入钳口零件 2

(1) 选择"装配"｜"组件"｜"镜像装配"菜单命令，弹出"镜像装配向导"对话框，选择部件 qiankou 和两个 zhuiluosiding 后，单击"下一步"按钮，如图 11-9 所示。

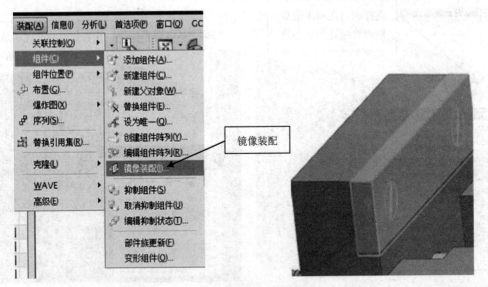

图 11-9　添加钳口零件

(2) 选择"基准平面"命令，弹出"基准平面"对话框，将"类型"设置为"二等分"，分别选择底座和动掌两平面创建基准平面，选择生成的等分基准平面后单击"下一步"按钮，如图 11-10 所示。单击"确定"按钮，完成钳口及锥螺丝钉的镜像装配。

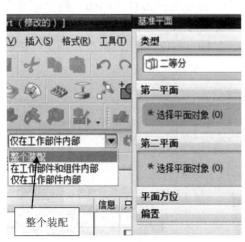

图 11-10 镜像装配

9. 装入垫圈零件

选择"装配"|"组件"|"添加组件"命令，添加选择部件 dianquan，将"定位"设置为"通过约束"，单击"确定"按钮，弹出"装配约束"对话框，将"类型"设置为"同心"，约束对象选择虎钳底座螺杆孔前壁中心和垫圈中心，如图 11-11 所示，单击"确定"按钮，完成装配约束。

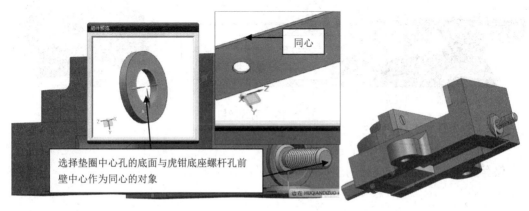

图 11-11 添加垫圈零件

10. 装入螺母零件

选择"装配"|"组件"|"添加组件"命令，添加选择部件 luomu，将"定位"设置为"通过约束"，单击"确定"按钮，弹出"装配约束"对话框，将"类型"设置为"同心"，约束对象选择螺母中心孔与螺杆中心，如图 11-12 所示，单击"确定"按钮，完成装配约束。

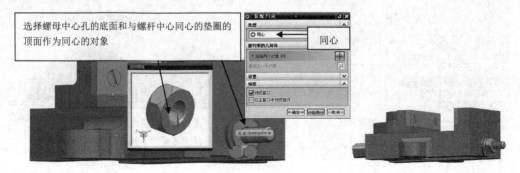

图 11-12　添加螺母零件

11. 装入圆螺丝钉

选择"装配"|"组件"|"添加组件"命令，添加选择部件 yuanluosiding，将"定位"设置为"通过约束"，单击"确定"按钮，弹出"装配约束"对话框，将"类型"设置为"同心"，选择动掌内底面孔中心与圆螺丝钉下底面孔，如图 11-13 所示，单击"确定"按钮，完成装配约束。

图 11-13　圆螺丝钉

12. 保存文件

保存文件，完成平口虎钳的虚拟装配，如图 11-14 所示。

图 11-14 平口虎钳的装配图

【知识点引入】

完成平口虎钳的虚拟装配需要掌握以下知识。

1. 装配概念

UG NX 8.5 装配模块不仅能够快速组合零部件成为产品，而且在装配中还可以参照其他部件进行部件配对设计，并可对装配模型进行间隙分析、重量管理等操作。装配模型生成后，可建立爆炸视图，并可将其引入到装配工程图中；同时，在装配工程图中可以自动产生装配明细表，并能对轴测图进行局部挖切。

2. 装配术语

1) 装配部件

装配部件是由零件和子装配构成的部件。在 UG NX 8.5 中，允许向任何一个 Part 文件中添加部件构成装配，因此任何一个 Part 文件都可以作为装配部件。在 UG NX 8.5 中，零件和部件不必严格区分。需要注意的是，当存储一个装配时，各部件的实际几何数据并不是存储在装配部件文件中，而是存储在相应的部件(即零件文件)中。

2) 子装配

子装配是在高一级装配中被用作组件的装配，子装配也拥有自己的组件。子装配是一个相对的概念，任何一个装配部件都可以在更高级装配中作为子装配。

3) 组件对象

组件对象是一个从装配部件链接到部件主模型的指针实体。一个组件对象记录的信息包括部件名称、层、颜色、线型、线宽、引用集和配对条件等。

4) 组件

组件是装配中由组件对象所指的部件文件。组件可以是单个部件(即零件)，也可以是一个子装配。组件是由装配部件引用而不是复制到装配部件中。

5) 单个零件

单个零件是指在装配外存在的零件几何模型，它可以添加到一个装配中去，但它不能包含有下级组件。

6) 自顶向下装配

自顶向下装配是指在装配过程中创建与其他部件相关的部件模型时，其装配部件的顶级，再向下产生子装配和部件的装配方法。

7）自底向上装配

自底向上装配是先创建部件几何模型，再组合成子装配，最后生成装配部件的装配方法。

8）混合装配

混合装配是将自顶向下装配和自底向上装配结合在一起的装配方法。例如先创建几个主要部件模型，再将其装配在一起，然后在装配中设计其他部件，即为混合装配。在实际设计中，可根据需要在两种模式下切换。

3. 装配约束

装配约束是指对需要添加的组件通过约束进行定位，使组件在装配体中有一个确切的位置。装配中可以使用的配合关系有以下几种。

(1) 接触对齐：可以将两个平面、两条曲线进行对齐，将两个点、两条轴线进行重合。对于平面对象，接触方式使两个面共面且法向方向相反；面对齐时，使两个面共面且法向方向相同；对于选择的是圆柱面或者圆锥面，系统将对齐其轴线；对于边缘和线，将使两线重合。

(2) 角度：使两部件被选择的部位形成一定角度。方法是选择角度配对方式，再选择配对对象，指定一个参考面并输入角度。

(3) 平行：使选择的部件相互平行，选择配对方式为"平行"后，选择两个面，则部件旋转至平行位置。

(4) 垂直：使选择的部件相互垂直，选择配对方式为"垂直"后，选择两个面，则部件将旋转至垂直位置。

(5) 同心：将选择的多个部件具有同一个中心。如果选择的对象为一个圆弧和一个平面，则圆轴面的轴线将在平面上。选择配对方式为"中心"后，选择两个面，则部件将轴心线对齐。

(6) 距离：使两部件被选择的部位按一定的距离分开。

11.2　夹紧卡爪装配

【学习目标】

通过本项目的学习，熟练掌握虚拟装配、装配约束、自顶向下的装配、自底向上的装配等命令的应用与操作方法。

【学习重点】

创建夹紧卡爪各零部件三维实体模型，并完成虚拟装配操作。夹紧卡爪各零部件如图 11-15 所示。

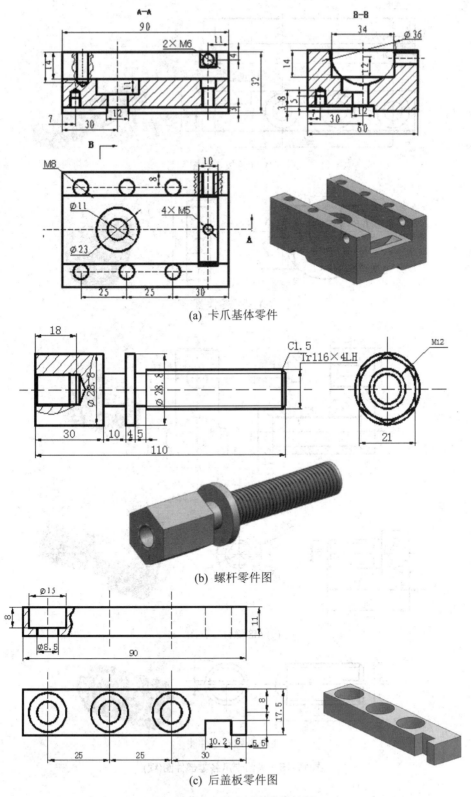

(a) 卡爪基体零件

(b) 螺杆零件图

(c) 后盖板零件图

图 11-15　夹紧卡爪各零部件图

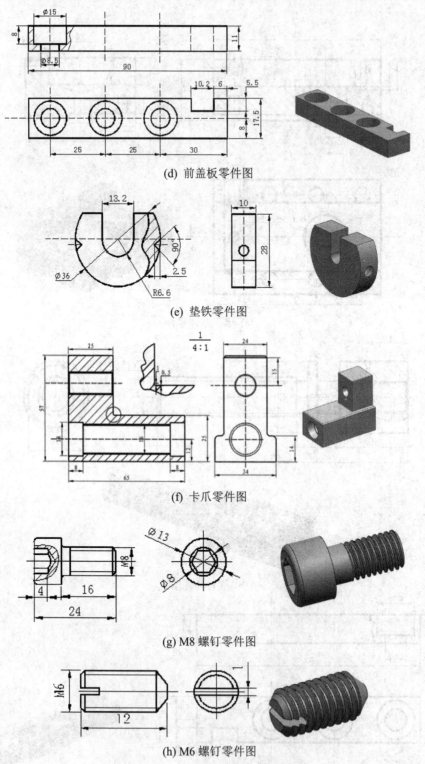

(d) 前盖板零件图

(e) 垫铁零件图

(f) 卡爪零件图

(g) M8 螺钉零件图

(h) M6 螺钉零件图

图 11-15 夹紧卡爪各零部件图(续)

【装配步骤】

夹紧卡爪各零部件装配过程如下。

1. 新建文件

启动 UG NX 8.5 软件，新建文件 jiajinkazhua.prt，再选择"模型"菜单中的"装配"命令，进入 UG NX 8.5 装配模块界面。

2. 装入夹爪基体零件

选择"装配"｜"组件"｜"添加组件"命令，弹出"添加组件"对话框，选择部件 jiazhuajiti，将"定位"设置为"绝对原点"，单击"确定"按钮，如图 11-16 所示。

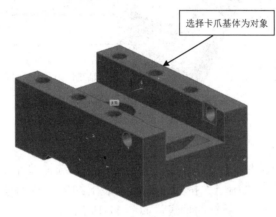

图 11-16　添加夹爪基体

3. 装入卡爪零件

选择"装配"｜"组件"｜"添加组件"命令，添加选择部件 kazhua，将"定位"设置为"通过约束"，单击"确定"按钮，弹出"装配约束"对话框，将"类型"设置为"接触对齐"，将"方位"设置为"首选接触"，分别选择卡爪底部与基体内槽，卡爪侧壁与卡爪侧壁接触对齐，如图 11-17 所示。

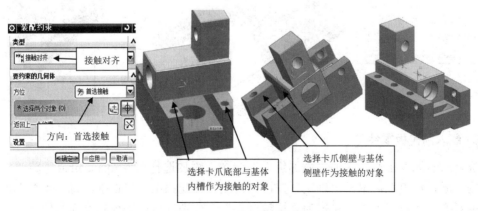

图 11-17　添加卡爪零件

4. 装入垫铁零件

选择"装配"｜"组件"｜"添加组件"命令，添加选择部件 diantie，将"定位"设置为"通过约束"，单击"确定"按钮，弹出"装配约束"对话框，将"类型"设置为"同心"，选择垫铁的轴线与基体圆弧槽轴线，如图 11-18 所示。

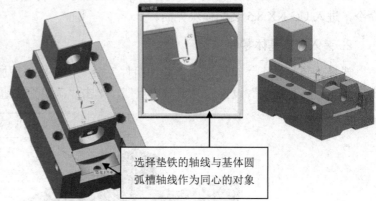

图 11-18　添加垫铁零件

5. 装入螺杆零件

选择"装配"｜"组件"｜"添加组件"命令，添加选择部件 luogan，将"定位"设置为"通过约束"，单击"确定"按钮，弹出"装配约束"对话框，将"类型"设置为"同心"，选择螺杆的轴线与垫铁的轴线，如图 11-19 所示。

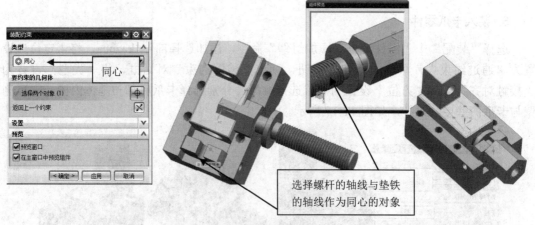

图 11-19　添加螺杆零件

6. 装入前盖板零件

选择"装配"工具栏中的"添加组件"命令，添加选择部件 qiangaiban，将"定位"设置为"通过约束"，单击"确定"按钮，弹出"装配约束"对话框，将"类型"设置为"接触对齐"，将"方位"设置为"接触对齐"，分别选择前盖板底面和基体上表面，盖板的侧面与基体侧面接触对齐，如图 11-20 所示。

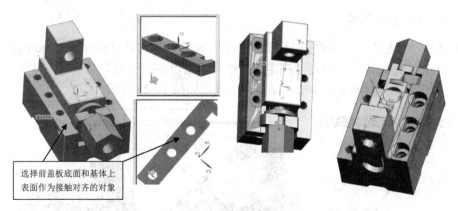

选择前盖板底面和基体上
表面作为接触对齐的对象

图 11-20　添加前盖板零件

7. 装入后盖板零件

(1) 选择"装配" | "组件" | "添加组件"命令，添加选择部件 hougaiban，将"定位"设置为"通过约束"，单击"确定"按钮，弹出"装配约束"对话框，将"类型"设置为"接触对齐"，将"方位"设置为"对齐"，对象选择后盖板的侧面与基体侧面，如图 11-21 所示。

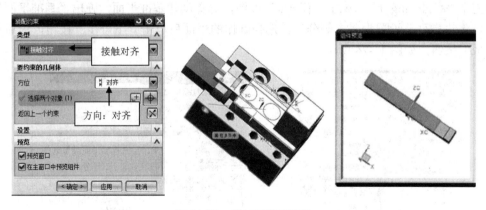

图 11-21　添加后盖板零件

(2) 将"方位"设置为"接触对齐"，对象选择后盖板底面和基体上表面，如图 11-22 所示。

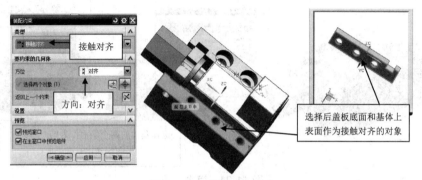

选择后盖板底面和基体上
表面作为接触对齐的对象

图 11-22　接触对齐约束

8. 装入 M8 螺钉零件

(1) 选择"装配"｜"组件"｜"添加组件"命令，添加选择部件 M8luoding，将"定位"设置为"通过约束"，单击"确定"按钮，弹出"装配约束"对话框，将"类型"设置为"同心"，选择对象螺钉中心与基体中心孔，如图 11-23 所示。

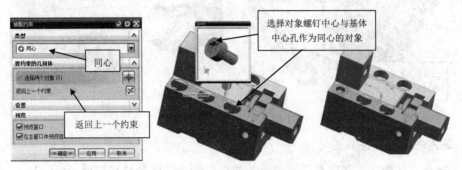

图 11-23　添加 M8 螺钉零件

(2) 同理，装配同侧另外两个 M8 螺钉。

(3) 选择"装配"｜"组件"｜"镜像装配"命令，弹出"镜像装配向导"对话框，选择三个 M8luoding 后，单击"下一步"按钮，选择创建基准平面，弹出"基准平面"对话框，将"类型"设置为"二等分"，选择制作的平面后单击"下一步"按钮，最后单击"完成"按钮，如图 11-24 所示。

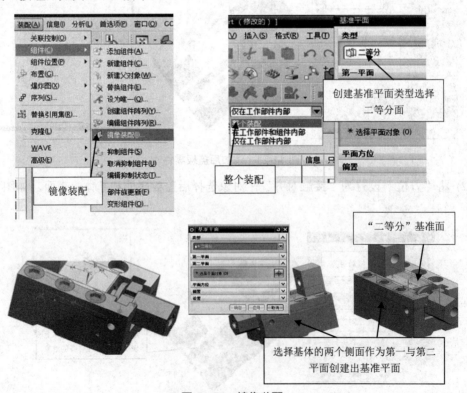

图 11-24　镜像装配

9. 装入 M6 螺钉零件

(1) 选择 "装配" | "组件" | "添加组件" 命令, 添加选择部件 M6luoding, 将 "定位" 设置为 "通过约束", 单击 "确定" 按钮, 弹出 "装配约束" 对话框, 将 "类型" 设置为 "同心", 选择对象如图 11-25 所示。

图 11-25　添加 M6 螺钉零件

(2) 同理, 装配另一侧 M6 螺钉。

10. 保存文件

保存文件, 完成夹紧卡爪的虚拟装配, 如图 11-26 所示。

图 11-26　夹紧卡爪的装配图

本 章 小 结

通过本章的学习, 读者重点掌握 UG NX 8.5 软件虚拟装配功能的基本操作, 包括装配概念、装配术语、装配约束、自顶向下的装配、自底向上的装配, 并熟练综合应用完成产品的三维虚拟装配。

技能实战训练题

试根据图 11-27～图 11-35 所示的各零部件图的尺寸要求, 创建三维实体建模, 并完成虚拟装配。

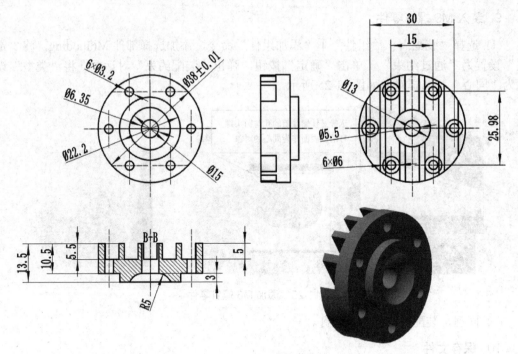

图 11-27　汽缸盖

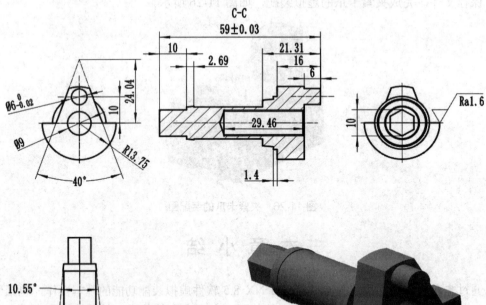

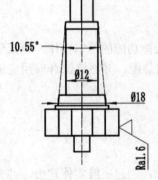

图 11-28　曲柄

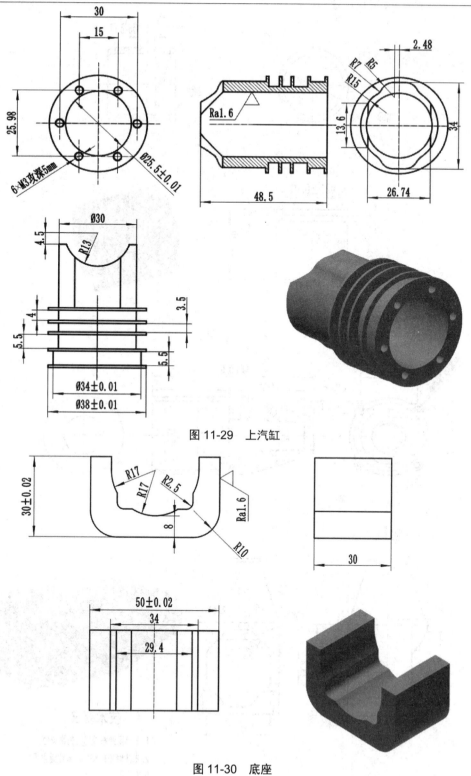

图 11-29　上汽缸

图 11-30　底座

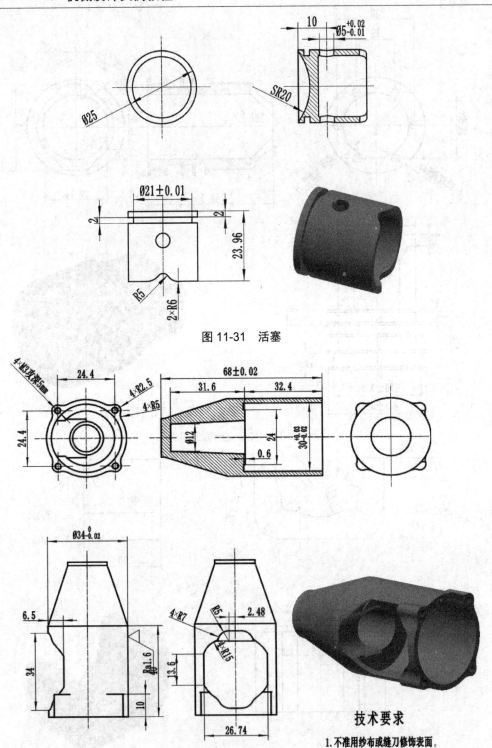

图 11-31　活塞

图 11-32　下汽缸

技术要求

1.不准用纱布或缝刀修饰表面。

2.未注倒角1×45°，未注圆角

0.2×45°。

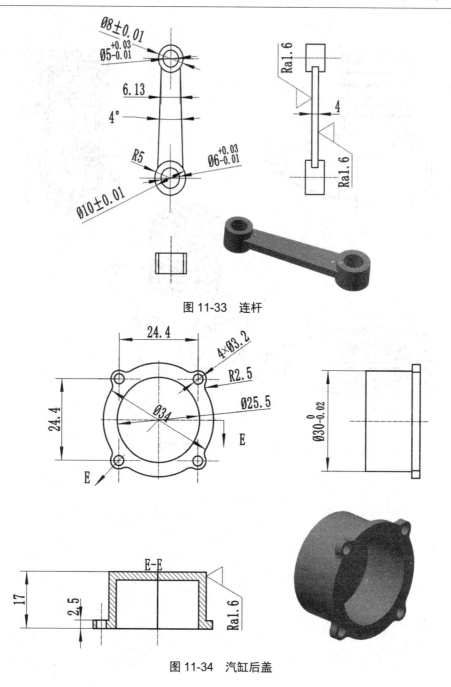

图 11-33 连杆

图 11-34 汽缸后盖

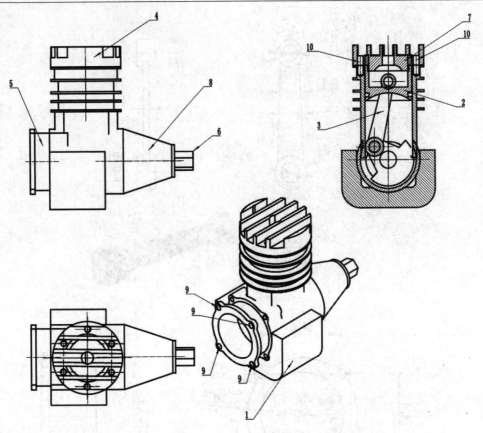

图 11-35　发动机装配体

第 12 章　工程图设计

产品经过三维造型设计后还需要转换成工程图，通过工程图将设计者的设计意图传达给后续的生产环节，从而生产出符合设计要求的产品。UG NX 8.5 软件的制图模块不仅可以实现工程图的绘制，而且还可以将在建模模块中建立的实体模型转换到制图模块中进行编辑，从而快速自动生成平面工程图。因为 UG NX 8.5 的绘图模块基于三维实体模型，所以与三维实体模型具有关联性，而实体建模模型的尺寸、形状或位置的改变都将引起其对应的二维工程图发生相应改变。本章主要介绍阀盖和螺纹轴零件工程图模块的相关知识。

12.1　阀盖工程图

【学习目标】

通过本项目的学习，熟练掌握新建图纸、基本视图生成、剖视图、尺寸及公差标注、表面粗糙度标注、文字注释标注、图框和标题栏绘制等命令的应用与操作方法。

【学习重点】

综合运用各种视图创建方法完成阀盖零件工程图，如图 12-1 所示。

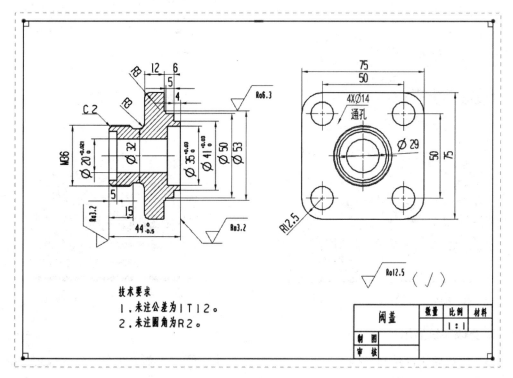

图 12-1　阀盖零件工程图

【创建步骤】

创建阀盖零件工程图过程如下。

1. 新建文件

启动 UG NX 8.5 软件，打开部件文件 fagai.prt，选择"开始"菜单中的"制图"命令，进入 UG NX 8.5 制图模块界面。

2. 制图参数设置

选择"首选项"|"注释"菜单命令，弹出"注释首选项"对话框，进行制图参数设置，如图 12-2 所示。

3. 新建图纸页

在"图纸"工具栏中选择"新建图纸页"命令，弹出"图纸页"对话框，在"大小"下拉列表框中选择"A4-210×297"，其余保持默认设置，如图 12-3 所示。

图 12-2 "注释首选项"对话框

图 12-3 "图纸页"对话框

4. 更改螺纹显示

进入建模模块，选择"插入"|"设计特征"|"螺纹"菜单命令，将"螺纹类型"设置为"符号"，如图 12-4 所示。

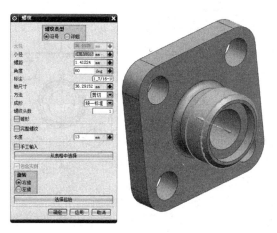

图 12-4　"螺纹"对话框

5. 生成基本视图

选择"基本视图"命令，弹出"基本视图"对话框，在"模型视图"选项组"要使用的模型视图"下拉列表框中选择"俯视图"，设置比例为 1：1，拖动鼠标至合适位置放置视图，如图 12-5 所示。

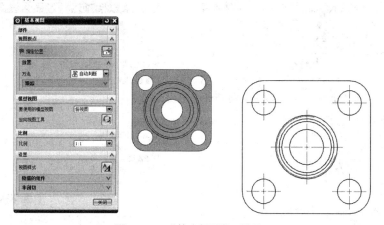

图 12-5　"基本视图"对话框

6. 生成剖视图

选择"剖视图"命令，再选择父视图，剖切点选择圆心，如图 12-6 所示。

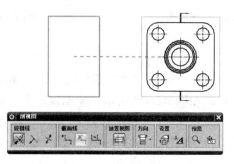

图 12-6　"剖视图"工具栏

拖动鼠标放置视图至合适位置即可，如图 12-7 所示。

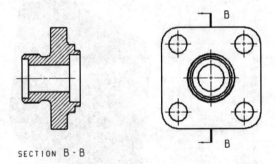

图 12-7　剖视图

7. 设置箭头和文字

选择"首选项"｜"注释"命令，弹出"注释首选项"对话框，选择"直线/箭头"选项卡，将箭头大小更改为 2.5，如图 12-8 所示。

选择"文字"选项卡，将"字符大小"设置为 2.5，文字类型设置为 chinesef_fs，如图 12-9 所示。

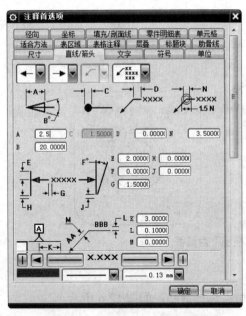

图 12-8　"直线/箭头"选项卡

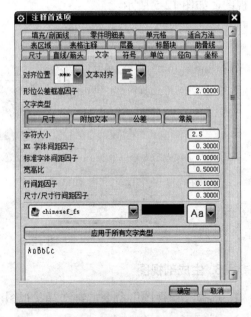

图 12-9　"文字"选项卡

8. 标注直径

选择"插入"｜"尺寸"｜"圆柱尺寸"菜单命令，在弹出的工具栏中单击"值"下拉按钮，进行公差样式选择，如图 12-10 所示。拖动鼠标至合适位置，双击公差进行公差数值的修改。

重复以上操作，完成主视图直径的标注，如图 12-11 所示。

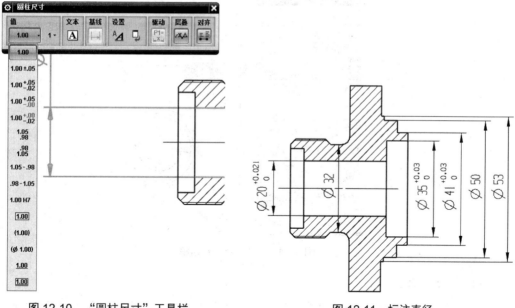

图 12-10　"圆柱尺寸"工具栏　　　　　　　图 12-11　标注直径

9. 标注基本尺寸

选择"插入"｜"尺寸"｜"自动判断"菜单命令，进行其他尺寸的标注，单击"确定"按钮，完成基本尺寸标注，如图 12-12 所示。

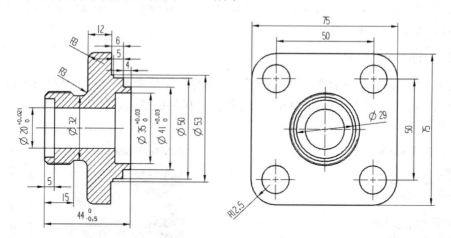

图 12-12　标注尺寸

10. 标注通孔

选择"插入"｜"注释"｜"注释"菜单命令，将"文本对齐"设置为"在底部下面延伸至最长"，在"格式化"文本框中输入"4X<O>4"，按 Enter 键，输入文本"通孔"。将鼠标移至 4Xϕ14 孔轮廓线处，按住鼠标左键拖动鼠标至合适位置，单击鼠标左键确定位置，单击"关闭"按钮完成标注。再次双击完成的标注可对尺寸位置进行移动，如图 12-13 所示。

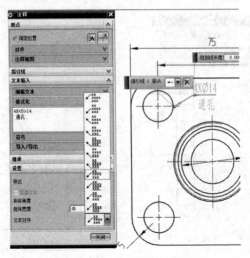

图 12-13   "注释"对话框

11. 标注螺纹

标注螺纹外径为 $\phi36$，选择"编辑"｜"注释"｜"文本"菜单命令，选择 $\phi36$ 尺寸，将 ϕ 修改为 M。

12. 标注倒角

选择"插入"｜"注释"｜"注释"菜单命令，在"格式化"文本框中输入 C2，标注对象选择倒角轮廓线，将"文本对齐"设置为"尺寸在线上"，拖动至合适位置即可，如图 12-14 所示。

13. 标注表面粗糙度

选择"插入"｜"注释"｜"表面粗糙度符号"菜单命令，设置粗糙度样式，输入粗糙度数值，将"角度"设置为"90"，选择需要标注的表面，插入表面粗糙度符号，如图 12-15 所示。

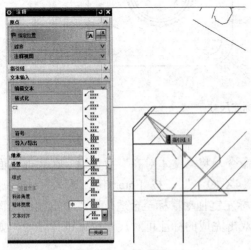

图 12-14   标注倒角

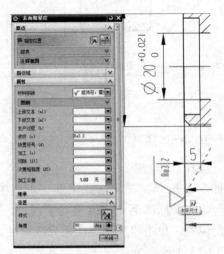

图 12-15   标注表面粗糙度

重复上述步骤完成另一表面的表面粗糙度的标注。带指引线的表面粗糙度可以通过拖动得到。

14. 尺寸标注完成图

完成所有尺寸标注，如图 12-16 所示。

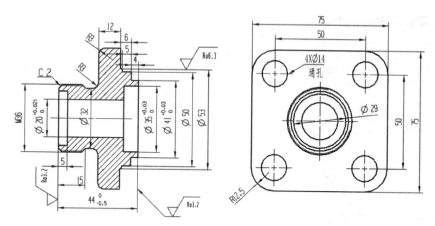

图 12-16　完整尺寸标注

15. 绘制图框

选择"矩形"命令，绘制图框，如图 12-17 所示。

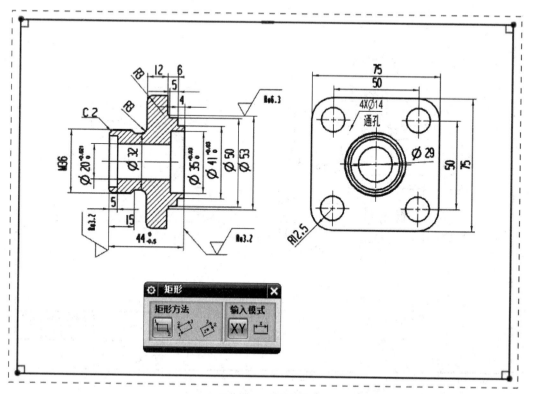

图 12-17　绘制图框

16. 绘制标题栏

选择"插入"|"表格"|"表格注释"菜单命令，设置行数和列数，如图 12-18 所示。选择合适的位置放置表格，拖动表格线调整表格行高和列宽，使之符合制图标准，如图 12-19 所示。

图 12-18　"表格注释"对话框

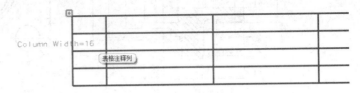

图 12-19　绘制表格

选中需要合并的单元格，单击鼠标右键，选中"合并单元格"命令，输入标题栏文字，完成标题栏的制作，如图 12-20 所示。

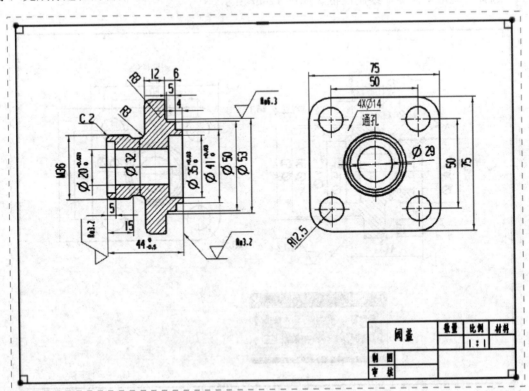

图 12-20　标题栏

17. 图纸布局

移动视图边界至合适位置，使图纸布局合理。

18. 输入技术要求

选择"注释"命令，输入技术要求，拖动至合适位置。

19. 保存文件

保存文件，完成阀盖零件工程图的创建，如图 12-21 所示。

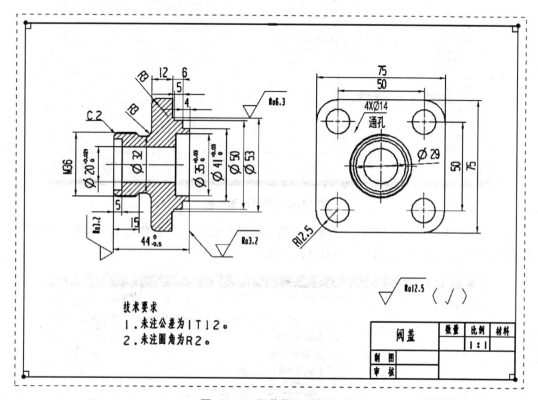

图 12-21　阀盖零件工程图

【知识点引入】

完成阀盖零件工程图需要掌握以下知识。

1. 工程图设置

进入建模模块，选择"文件"｜"实用工具"｜"用户默认设置"菜单命令，弹出"用户默认设置"对话框，在生成零件工程图纸之前对图纸绘制参数进行设置。

(1) 在左侧列表框中选择"基本环境"中的"绘图"选项，在右侧激活"颜色"选项卡，选中"白纸黑字"单选按钮，如图 12-22 所示。

图 12-22 设置绘图颜色

(2) 在左侧列表框中选择"制图"中的"常规"选项，在右侧激活"视图"选项卡，取消选中"显示边界"复选框，如图 12-23 所示。

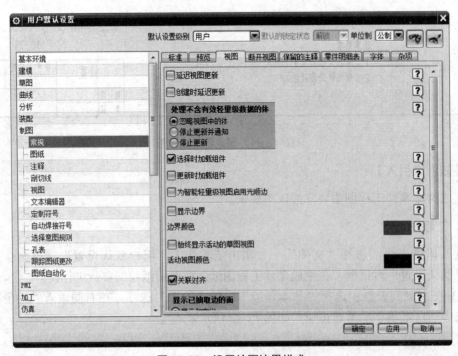

图 12-23 设置绘图边界样式

2. 注释参数预设置

对生成的二维图形进行标注之前，需要对零件图尺寸、箭头、符号、单位等进行设置。进入制图模块，选择"首选项"｜"注释"命令，弹出"注释首选项"对话框，根据图纸要求进行相关设置，如图 12-24 所示。

3. 新建工程图

选择"插入"｜"图纸页"命令，弹出"图纸页"对话框，如图 12-25 所示，部分选项含义如下。

- 大小：用于指定图样的尺寸规范。包括含三个选项，选择"使用模板"选项，可直接在下拉菜单中选取系统提供的图纸模板，但不可自行设置比例及图纸视角；选择"标准尺寸"选项，可在下拉菜单中选择 A0-A4 国标图纸作为当前图纸，还可对图纸进行比例设置；选择"定制尺寸"选项，可在"高度"和"长度"文本框中自定义新建图纸的高度和长度。

- 设置：用于对图纸的单位和投影视角进行设置。我国制图标准为第三角投影，选择"投影"选项中的"第三角投影"，将"单位"设置为"毫米"，单击"确定"按钮，完成新建工程图操作。

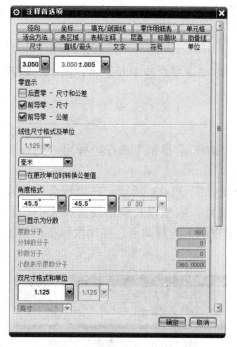

图 12-24　"注释首选项"对话框

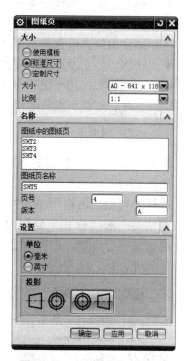

图 12-25　"图纸页"对话框

4. 添加基本视图

基本视图是零件向基本投影面投影所得的图形，包括前视图、后视图、俯视图、仰视图、左视图、右视图、等轴测视图等，可根据零件特点选择一个视图作为基本视图。基本视图需要尽量反映实体模型的主要形状特征，"基本视图"对话框如图 12-26 所示。

图 12-26　"基本视图"对话框

- 放置：用于选择基本视图的放置方法。
- 模型视图：用于选择添加基本视图的种类，"定向视图工具"可在绘图区域选择适合的位置放置基本视图。
- 比例：用于设置基本视图比例大小。
- 视图样式：用于编辑基本视图样式，可在该项功能中对基本视图中的隐藏线、可见线、着色、螺纹等样式进行设置。

5. 绘制全剖视图

选择"插入"｜"视图"｜"截面"｜"简单/阶梯剖"命令，弹出"剖视图"工具栏，如图 12-27 所示。

选择需要剖切的视图的边框，工具栏变成如图 12-28 所示。在设置选项区通过选择"截面线型"和"样式"分别对剖切符号、尺寸、线型以及剖切线箭头大小、颜色、线型、线宽等进行设置。设置完成后，选择基本视图上的剖切点，拖动鼠标在绘图区适当位置放置即可。

图 12-27　"剖视图"工具栏

图 12-28　"剖视图"工具栏

6. 标注尺寸

UG NX 8.5 工程图模块和三维实体造型模块是完全关联的，因此在工程图中进行标注尺寸就是直接引用三维模型真实尺寸，尺寸无法进行改动。如果需要改动零件中某个尺寸参数，则需要返回到建模模块中进行实体修改，而工程图中的相应尺寸会自动更新。

选择"插入"｜"尺寸"命令，选择相应的标注类型即可进行尺寸标注。尺寸标注类型包括如下二十种方式。

(1) 自动判断尺寸：该选项由系统自动推断出选用哪种尺寸标注类型进行尺寸标注。

(2) 水平尺寸：该选项用于标注工程图中所选对象间的水平尺寸。

(3) 竖直尺寸：该选项用于标注工程图中所选对象间的竖直尺寸。

(4) 平行尺寸：该选项用于标注工程图中所选对象间的平行尺寸。

(5) 垂直尺寸：该选项用于标注工程图中所选点到直线(或中心线)的垂直尺寸。

(6) 倒斜角尺寸：该选项用于标注 45°倒角的尺寸。

(7) 角度尺寸：该选项用于标注工程图中所选两直线之间的角度。

(8) 圆柱尺寸：该选项用于标注工程图中所选圆柱对象的直径尺寸。

(9) 孔尺寸：该选项用于标注工程图中所选孔特征的尺寸。

(10) 直径尺寸：该选项用于标注工程图中所选圆或圆弧的直径尺寸。

(11) 半径尺寸：该选项用于标注工程图中所选圆或圆弧的半径尺寸。

(12) 过圆心的半径尺寸：该选项用于标注圆弧或圆的半径尺寸，与"半径尺寸"不同的是，该选项从圆心到圆弧自动添加一条延长线。

(13) 带折线的半径尺寸：该选项用于建立大半径圆弧的尺寸标注。

(14) 厚度尺寸：该选项用于标注两要素之间的厚度。

(15) 弧长尺寸：该选项用于创建一个圆弧长尺寸来测量圆弧周长。

(16) 周长尺寸：该选项用于创建周长约束以控制选定直线和圆弧的集体长度。

(17) 水平链尺寸：该选项用于将图形中的尺寸依次标注成水平链状形式，其中每个尺寸与其相邻尺寸共享端点。

(18) 竖直链尺寸：该选项用于将图形中的多个尺寸标注成竖直链状形式，其中每个尺寸与其相邻尺寸共享端点。

(19) 水平基线尺寸：该选项用于将图形中的多个尺寸标注为水平坐标形式，其中每个尺寸共享一条公共基线。

(20) 竖直基线尺寸：该选项用于将图形中的多个尺寸标注为竖直坐标形式，其中每个尺寸共享一条公共基线。

7．标注、编辑文本

选择"插入"｜"注释"｜"注释"命令，弹出"注释"对话框，如图 12-29 所示。

该功能用于工程图中零件基本尺寸的表达、各种技术要求的有关说明，以及表达特殊结构尺寸、定位部分制图符号和形位公差等。在标注文本注释时，首先要对标注引线的类型和样式进行定义，然后根据标注内容对文本注释的参数选项进行设置，如文本的字形、颜色、字体的大小、粗体或斜体的方式、文本角度、文本行距和是否垂直放置文本，然后在文本输入区输入文本的内容。当注释内容中包含形位公差和公差等符号内容时，可在符号的下拉列表框中选择对应的符号。此时，若输入的内容不符合要求，可在编辑文本区对输入的内容进行修改。输入文本注释后，在注释编辑器下部选择一种定位文本的方式，按该定位方法将文本定位到视图中。

8. 标注表面粗糙度

选择"插入"|"注释"|"表面粗糙度符号"命令，弹出"表面粗糙度"对话框，如图 12-30 所示，部分选项含义如下。

图 12-29 "注释"对话框

图 12-30 "表面粗糙度"对话框

- 原点：用于定义表面粗糙度的放置位置。
- 指引线：用于设置表面粗糙度引线的格式。
- 属性：用于设置所标注的表面粗糙度的类型，以及对各参数进行设置。表面粗糙度的类型如图 12-31 所示，其含义同机械制图标准。

选择不同的表面粗糙度类型，所需标注的参数也不同，按照图纸要求进行标注，如图 12-32 所示。

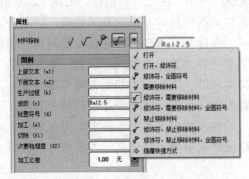

图 12-31 表面粗糙度的类型

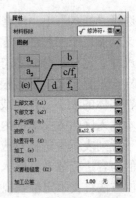

图 12-32 表面粗糙度参数

● 设置：用于设置表面粗糙度的标注样式，以及设置表面粗糙度旋转角度。完成以上设置后，在绘图区中选择需要指定表面粗糙度的对象，确定标注表面粗糙度符号的位置，即可完成表面粗糙度符号的标注。

12.2　螺纹轴工程图

【学习目标】

通过本项目的学习，熟练掌握新建图纸、基本视图生成、剖视图、局部放大图、尺寸及公差标注、形位公差标注、基准特征标注、表面粗糙度标注、文字注释标注、图样调入等命令的应用与操作方法。

【学习重点】

综合运用各种视图创建方法完成螺纹轴零件工程图，如图 12-33 所示。

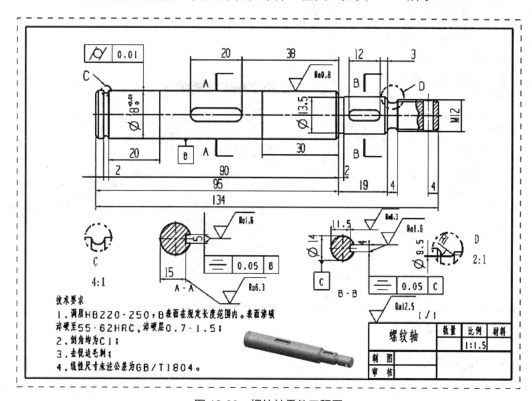

图 12-33　螺纹轴零件工程图

【创建步骤】

创建螺纹轴零件工程图过程如下。

1．新建文件

启动 UG NX 8.5 软件，打开部件文件 luowenzhou.prt 文件，再选择"开始"菜单中的

"制图"命令，进入 UG NX 8.5 制图模块界面。

2. 制图参数设置

选择"首选项"｜"注释"命令，弹出"注释首选项"对话框，进行制图参数设置，如图 12-34 所示。

3. 新建图纸页

在"图纸"工具栏中选择"新建图纸页"命令，弹出"图纸页"对话框，在"大小"下拉列表框中选择"A4-210×297"选项，其余保持默认设置，如图 12-35 所示。

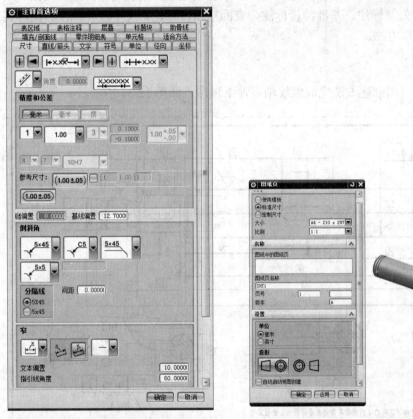

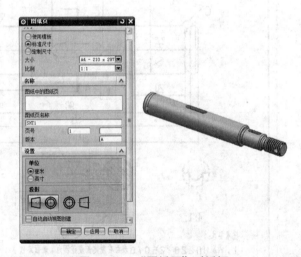

图 12-34　"注释首选项"对话框　　　　　图 12-35　"图纸页"对话框

4. 创建基本视图

选择"基本视图"命令，打开"基本视图"对话框，在"模型视图"选项组"要使用的模型视图"下拉列表框中选择"俯视图"选项，设置"比例"为 1∶1，单击"定向视图工具"按钮，在打开的"定向视图"工具对话框中选择定向矢量，使螺纹轴的键槽特征放正。本实例选择 Z 轴负向矢量，如图 12-36 所示。

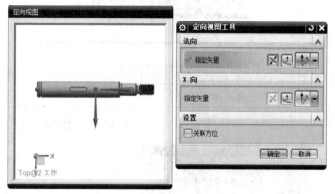

图 12-36　"基本视图"对话框

进入"建模"模块,将螺纹特征设置为符号,生成视图,如图 12-37 所示。

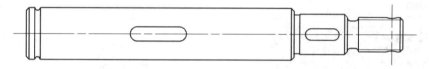

图 12-37　定向视图

5. 生成 5×20 键槽剖视图

选择"剖视图"命令,选择父视图,如图 12-38 所示。

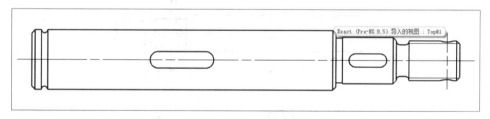

图 12-38　父视图

剖切点选择 5×20 键槽的中点,如图 12-39 所示。

在生成剖视图之前,应先将剖视图的背景选项去掉,单击"样式"按钮,在"视图样式"对话框中激活"截面线"选项卡,取消选中"背景"复选框,单击"确定"按钮,如图 12-40 所示。拖动鼠标放置视图至合适位置即可,生成剖视图如图 12-41 所示。

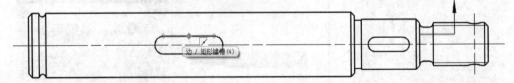

图 12-39　剖切点

图 12-40　"视图样式"对话框

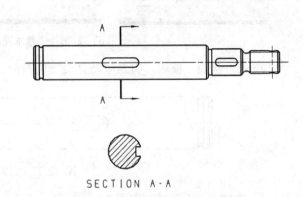

图 12-41　剖视图

6. 生成 4×12 键槽剖视图

重复上一步操作，完成 4×12 键槽的剖视图创建，生成视图如图 12-42 所示。

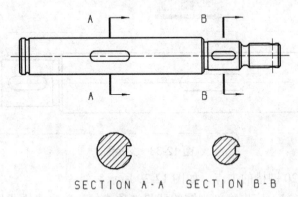

图 12-42　剖视图

7. 创建局部放大图

选择"局部放大图"命令，将"类型"设置为"圆形"，将放大"比例"设置为 4∶1，参数设置如图 12-43 所示。生成的局部放大图如图 12-44 所示。

图 12-43 "局部放大图"对话框

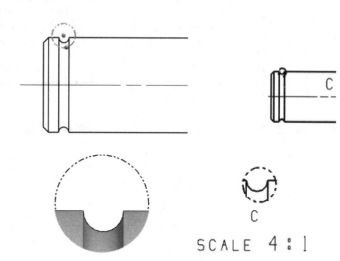

图 12-44 局部放大视图

8. 生成局部放大图

重复上一步操作，完成右侧槽的局部放大图，如图 12-45 所示。

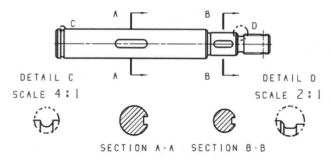

图 12-45 局部放大视图

9. 绘制剖切线

选中视图，单击鼠标右键，选择"激活草图"命令，选择"样条曲线"命令，绘制剖切线，如图 12-46 所示。

10. 创建局部剖视图

选择"局部剖"命令，选择父视图，在剖切部位指定基点，单击鼠标中键，用生成的直线将局部剖位置圈起来，如图 12-47 所示，单击"应用"按钮，生成局部剖视图，如图 12-48 所示。

11. 标注尺寸

完成的尺寸标注如图 12-49 所示。

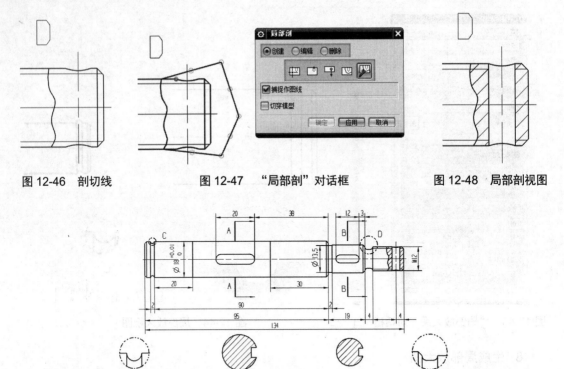

图 12-46 剖切线   图 12-47 "局部剖"对话框   图 12-48 局部剖视图

图 12-49 标注尺寸

12. 输入技术要求

选择"注释"命令，设置文字类型为 chinesef，设置字体大小，拖动鼠标至合适位置即可，如图 12-50 所示。

13. 中心标记

选择"中心标记"命令，选择剖视图圆心，单击"确定"按钮，完成对 A-A 和 B-B 剖视图中心线的添加，如图 12-51 所示。

图 12-50 "注释"对话框

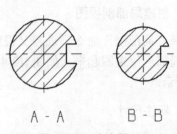

图 12-51 中心标记

14. 标注表面粗糙度符号

选择"表面粗糙度符号"命令，设置粗糙度样式，插入表面粗糙度符号，如图 12-52 所示。

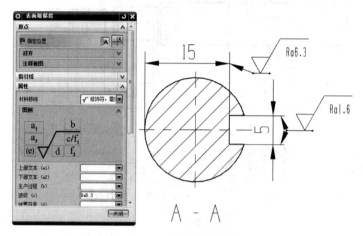

图 12-52　标注表面粗糙度

15. 标注形位公差

选择"特征控制框"命令，设置形位公差参数以及文本参数，拖动鼠标至合适位置，单击"确定"按钮，如图 12-53 所示。

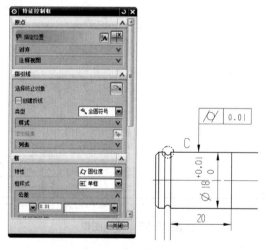

图 12-53　标注形位公差

16. 标注尺寸

完成所有尺寸标注，如图 12-54 所示。

17. 绘制图框

接下来添加图框和标题栏。上个项目介绍了直接绘制图框和标题栏，本项目介绍如何调用图框模板。首先创建一个新的文件，进入制图模块。使用"矩形"和"直线"命令绘制零件图图框，如图 12-55 所示。

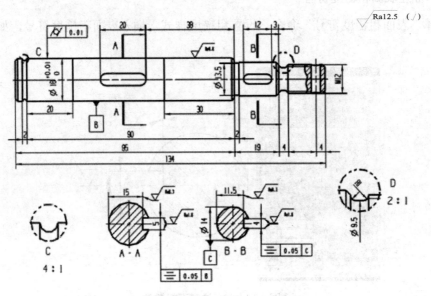

图 12-54　标注尺寸

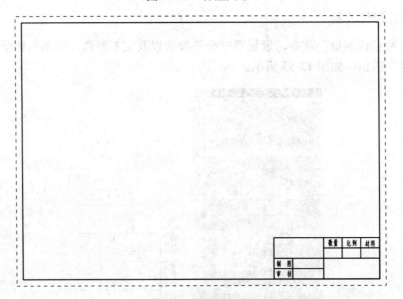

图 12-55　绘制图框

18. 设置图框存储选项

选择"文件"｜"选项"｜"存储选项"菜单命令，勾选如图 12-56 所示选项，单击"确定"按钮。

19. 定制命令

选择"另存为"命令，将文件另存。再次打开 luowenzhou.prt 文件，将鼠标放置于工具栏空白处单击鼠标右键，选择"定制"命令，在弹出的"定制"对话框中，激活"命令"选项卡，在"类别"列表框中选择"格式"选项；将"图样"图标添加到工具栏中，如图 12-57 所示。

图 12-56　"存储选项"对话框

图 12-57　"定制"对话框

20．调用图样

选择"格式"｜"图样"命令，弹出"图样"对话框，选择"调用图样"选项，单击"确定"按钮，即可完成零件图图框及标题栏模板的调入。

21．保存文件

保存文件，完成螺纹轴零件工程图的创建，如图 12-58 所示。

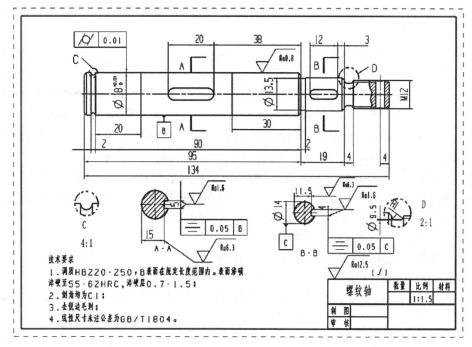

图 12-58　螺纹轴零件工程图

【知识点引入】

完成螺纹轴零件工程图需要掌握以下知识。

1. 局部放大图

选择"插入"|"视图"|"局部放大图"命令，弹出"局部放大图"对话框，各选项含义如下。

- 边界：用于指定视图的边界。边界类型可在"类型"中选择，包括圆形和矩形两种。选择好边界类型后指定局部放大部位的中心点，然后拖动鼠标来定义视图边界至合适位置后，单击鼠标左键即可完成边界的设置。
- 原点：用于指定放大视图原点的位置，单击左键即可确定。"移动位置"选项可用于移动添加视图的位置。如果在添加视图时，指定的视图位置不合适，可以利用这个选项对视图在工程图中的位置进行修改。
- 比例：用于设置放大视图的放大比例，可以选择系统给定的值，也可通过选择"比率"来输入符合要求的值。
- 设置：单击"视图样式"按钮，即可进行放大视图的设置，对话框如图12-59所示。

2. 局部剖视图

选择"插入"|"视图"|"截面"|"局部剖"命令，弹出"局部剖"对话框，如图12-60所示。

图 12-59 "视图样式"对话框　　　　图 12-60 "局部剖"对话框

局部剖视图用来表示对零件的局部区域进行剖视，剖视区域由所定义的剖切曲线来界定，且是由一段封闭的局部剖切线定义的。该功能的基本操作步骤如下。

(1) 创建局部剖视图剖视边界。在工程图中将鼠标放至需要生成局部剖视的视图边框上，单击鼠标右键，选择"激活草图"命令，进入视图草图绘制模式。用曲线功能在要产生局部剖切的部位创建局部剖切的边界线。完成曲线的绘制后，退出草图，恢复到工程图状态，这样就建立了与视图相关联的边界线。

(2) 在图纸中选择要生成局部剖视图的父视图。

(3) 定义局部剖切线的起始点(即基点)。

(4) 指定剖切方向矢量。系统根据基准点会自动生成一个矢量，可接受默认矢量或重新指定。

(5) 选取边界曲线。选取第(1)步中绘制的边界曲线，单击最后一个"修改边界曲线"图标，系统自动生成同边界曲线首尾相连的线串。将光标放至生成的直线上单击，拖动鼠标即可挪动直线，将需要剖切的部位圈起来。单击"应用"按钮，即可生成局部剖视图。

3. 中心标记

选择"插入"｜"中心线"｜"中心标记"命令，弹出"中心标记"对话框，如图 12-61 所示。中心标记用于在所选的共线点或圆弧中产生中心线，或在所选取的单个点或圆弧上插入线性中心线。

4. 特征控制框

选择"插入"｜"注释"｜"特征控制框"命令，弹出"特征控制框"对话框，如图 12-62 所示。部分选项含义如下。

图 12-61 "中心标记"对话框

图 12-62 "特征控制框"对话框

- 原点：指定形位公差框的位置。
- 指引线：用于设置形位公差框指引线的样式，如图 12-63 所示。
- 框：用来设置形位公差内容，可以从下拉菜单中选择所需内容，如图 12-64 所示。

图 12-63 指引线样式

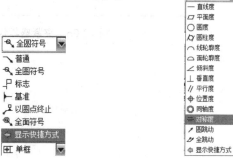

图 12-64 形位公差

本 章 小 结

通过本章的学习，读者重点掌握 UG NX 8.5 软件工程图模块的基本操作，包括新建图纸、基本视图生成、剖视图、标注尺寸及公差、标注表面粗糙度、标注文字注释、图框和标题栏绘制、注释参数预设置、特征控制框、中心标记、局部剖视图、局部放大图，并熟练应用这些命令完成产品的工程图。

技能实战训练题

试根据图 12-65 和图 12-66 所示零件图的尺寸要求，完成三维实体建模并生成二维工程图。

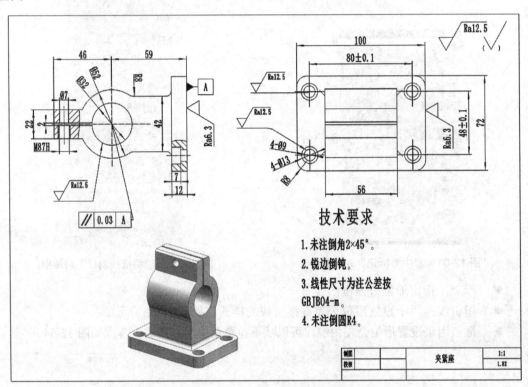

图 12-65　夹紧座零件工程图

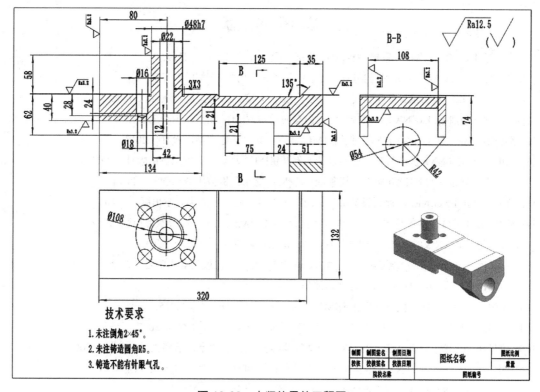

技术要求

1. 未注倒角2×45°。
2. 未注铸造圆角R5。
3. 铸造不能有针眼气孔。

制图	制图签名	制图日期	图纸名称	图纸比例
校核	校核签名	校核日期		重量
院校名称			图纸编号	

图 12-66　夹紧体零件工程图

参 考 文 献

[1] 陈乃峰. UG NX 三维设计案例教程[M]. 北京：清华大学出版社，2013.

[2] 张秀玲. 三维 CAD/CAM 习题集[M]. 北京：清华大学出版社，2012.

[3] 李奉香. SOLIDWORKS 零件建模操作及实例[M]. 北京：机械工业出版社，2016.

[4] 王世刚，胡清明. UG NX 8.0 机械设计入门与应用实例[M]. 北京：电子工业出版社，2012.

[5] 彭二宝，王宏颖. UG NX 8.5 项目教程[M]. 北京：北京邮电大学出版社，2013.

[6] 麓山科技. UG NX8 机械与产品造型设计实例精讲[M]. 北京：机械工业出版社，2012.

[7] 赵秀文，苏越. UG NX 8.0 实例建模基础教程[M]. 北京：机械工业出版社，2014.

[8] 黄爱华. Pro/ENGINEER 野火版基础教程(第二版)[M]. 北京：清华大学出版社，2012.

[9] 袁峰. 使用 UG 软件的机电产品三维数字化设计教程[M]. 北京：高等教育出版社，2011.

[10] 陈忠建. UG NX 8.0 机械设计简明教程[M]. 南京：南京大学出版社，2012.

[11] 石皋莲，吴少华. UG NX CAD 应用案例教程[M]. 北京：机械工业出版社，2010.

[12] 易磊，肖雄亮. 机械基础[M]. 北京：清华大学出版社，2016.

[13] 米俊杰. UG NX 10.0 快速入门指南[M]. 北京：电子工业出版社，2015.

[14] 袁峰. 计算机辅助设计与制造实训图库[M]. 北京：机械工业出版社，2007.

[15] 康显丽，张瑞平，孙江宏. UG NX 5 中文版基础教程[M]. 北京：清华大学出版社，2008.

[16] 胡仁喜，刘昌丽. UG NX 5 中文版工业造型典型范例[M]. 北京：电子工业出版社，2007.

[17] 章兆亮. UG NX 10.0 实例宝典[M]. 北京：机械工业出版社，2015.

[18] 展迪优. UG NX 曲面设计教程[M]. 北京：机械工业出版社，2008.

[19] 方月，胡仁喜，刘昌丽. UG NX 10.0 中文版快速入门实例教程[M]. 北京：清华大学出版社，2017.

[20] 李红萍. 中文版 UG NX 9.0 实例教程[M]. 北京：清华大学出版社，2015.

[21] 北京兆迪科技有限公司. UG NX 8.5 实例宝典[M]. 北京：中国水利水电出版社，2014.

[22] 詹友刚. UG NX 8.0 实例宝典[M]. 北京：机械工业出版社，2012.